5步驟，讓能力和興趣變現，爲自己加薪！

打造富口袋

Ms. Selena & Mr. Wayne——著

序

創造多元收入，就是現在！

正在看這本書的你，是不是有這種感覺：每天都在很努力地工作，但薪水就是不漲，物價卻一直漲，想買房簡直像是在作夢，甚至連偶爾靠吃點美食紓壓的小確幸都快負擔不起？

不久前我看到《商業周刊》提到一個數字——台灣有超過 300 萬人在尋找第二收入，想打破經濟壓力。你是不是也是其中之一呢？如果你正想試試「縫隙工作」或者「斜槓加薪」，那麼這本書可能就是改變你人生的起點！

回想這幾年，世界變化實在太快了——從新冠疫情到 AI 崛起，傳統的工作模式早就無法應付現實的需求。許多人面臨失業，或者開始尋找打造第二收入、學習投資理財的方法。可是你有沒有覺得，賺錢的速度總是追不上物價的上漲？沒錢怎麼投資？沒有投資又怎麼能實現財富自由？這就像一個死循環。

比起我出版第一本書《打造富腦袋！從零開始累積被動收入》的時候，現在更多人因為生活壓力，不得不想辦法增加主動收入。但奇怪的是，明明知道可以靠開發第二收入來增加資金，還是有很多人不敢跨出第一步。是害怕不夠專業？覺得競爭對手太多？還是因為資金、人脈不足？

這本書，就是寫給那些「不敢邁出第一步」的人。

你會擔心不夠專業，會怕失敗，這些其實都很正常。但問題是——這些理由真的應該成為你停下腳步的藉口嗎？

化平凡爲不凡的成功者，
不少都是從下班後打造第二收入開始

如果你不行動，就注定會一直停在原地。每個人都想改變生活、變得更有錢，但大多數人覺得這樣的夢想遙不可及。只有少數人敢於嘗試、主動投入新挑戰。接下來我想和你分享幾個真實的例子，這些主人翁都靠著業餘收入找到自己的成功。這些故事告訴我們，其實每個人都可以拓展自己的收入管道，開創更多的可能性。

馬雲：從英語老師到全球電商寡頭

馬雲的故事相信很多人都十分熟悉，但應該有不少

人很難想像，這位改變世界商業型態的人，原本只是一位普通的英語老師；在平凡而穩定的教書生涯中，一次偶然接觸到網路，卻從此徹底改變命運。他利用下班後的時間，開始涉足網路事業，逐步將這個額外的收入來源轉變成一個龐大的商業帝國——阿里巴巴。如今，阿里巴巴已成為全球最大的虛擬購物商城、電子商務公司之一。馬雲的故事告訴我們，只要勇敢邁出第一步、努力付出，你的未來將充滿無限可能。

柯以柔：從藝人到團購女王

柯以柔作為藝人與外景主持人，因為工作型態的關係，有時一忙，加上出外景可能好幾天都沒辦法回家，經常無法騰出時間陪伴孩子。為了兼顧家庭與收入，她開始尋找可以平衡生活的方法：憑藉對孩子喜好的了解，以及對親子用品的熟悉度，決定開始經營親子團購。從小規模開始，一步步發展成台灣最大的團購主之一。柯以柔曾表示，團購給她的不只是收入增加，更重要的是陪伴孩子的寶貴時光更多了。她的故事證明，你可以同時擁有收入與家庭時間的雙重回報，找到屬於自己的完美的平衡生活！

設計公司老闆轉型：從困境中找到新財富

有位商會的朋友，是設計印刷業的老闆。由於電子化日趨普及，印刷的利潤越來越薄，在僧多粥少的巨大競爭壓力下，他並沒有退縮，而是發揮設計專業，整合了身邊的人脈，打造出一個全新的雞蛋糕加盟品牌，不僅開拓穩定的收入來源，還通過開發周邊產品如冰滴蛋捲，成功打入五星級飯店，成為高端迎賓小點。這個故事告訴我們，當你充分利用手邊的資源與機會，新的收入管道隨時都可能出現。

看過這些真實的故事，無論你現在處於什麼樣的階段：即將就業、害怕失業、薪資低到生厭想轉行，或是磨刀霍霍想要創業，就缺臨門一腳……只要你願意探索打造第二，甚至是多元收入來源，勇敢邁出第一步，你的生活就有可能發生巨大的變化。

掌握未來、逆轉人生的技術

這並非癡人說夢，而是每個人都可以立即掌握的真實。本書將從消除迷惘，釐清並穩固內在動機，讓你不再懷疑自己的潛能、建立自信開始，一步步點燃你內心的渴望，並透過清晰且具體的五步驟實踐法，學會掌握未來、逆轉人生的技術。

步驟一：挖掘資源，激發賺錢靈感！

這個步驟將幫助你更輕鬆地走向成功。教你如何利用「關鍵字」和「曼陀羅九宮格」工具，全面盤點你的六大資源，包括興趣、天賦、技能等。透過這樣的資源盤點，你將更清楚地發現自己擁有的優勢，而能基於自身的強項選擇最適合的方向，並激發出潛在的賺錢點子。

步驟二：找出高成功率賺錢點子，邁向成功之路！

當你列出多個潛在的賺錢點子後，即可利用「五大指標」來進行篩選，透過決策矩陣選出變現率最高的賺錢點子。這些指標將從你的財務能力、執行力、興趣、專業領域，以及人脈網絡五方面進行客觀評估，確保你能做出最有利的選擇，讓你的賺錢之路有更高的成功機會。

步驟三：找出屬於你最具賺錢潛力的利基市場！

接下來，要運用「利基市場 ICE」評估法，專注鎖定你的目標客群。先從大市場切入，進而找到自己最具優勢、資源充足的小市場，如此一來不僅能在競爭中脫穎而出，還能最大化你的收入潛力。

步驟四：了解目標客戶，掌握市場需求！

這階段將學習如何透過「最小可行產品」（MVP）快速推出你的服務或產品，並掌握有效的定價策略。只要深入了解目標客戶的需求與痛點，即能精確提出客戶所需要的解決方案，快速實現變現。

步驟五：打造行銷模式，賺取穩定收益！

最後階段，你將學會如何找到你的第一位顧客，並設計一個屬於自己的「行銷漏斗」。同時也將學到打造適合的行銷管道的方法，確保你能夠穩定獲得精準客戶並成功達成變現目標，讓你的第二收入源源不絕。

本文將深入解析這五大步驟，幫助你一步步規畫出屬於你的賺錢藍圖。書末提供學員的執行心得影片QRcode 掃描，透過他們實際運用書中方法成功開創第二收入來源的故事，可激起你的戰鬥力並啟發你開創屬於自己的賺錢點子。

本書非常適合有這些狀況的人：

· 正在尋求靈感發展第二收入或多元收入來源
· 滿意自己目前的工作，但薪資停滯不前，希望多一個管道增加收入
· 正努力平衡家庭與工作的忙碌父母
· 剛出社會，希望儲備資源以達成夢想
· 已經有想法，希望找到高效賺錢的實踐方案

書中提出的五步驟實踐法，不分年齡、職業資歷，任何人都能參考利用，相信本書會是幫助各位在現有生活中開創一條穩定的額外收入來源的最佳指南。

在正式踏上「打造富口袋」的旅程之前，請先釐清你為什麼想要有第二份收入？因為只有找到自己內在的動機、激發出內心的渴望，這條路才有機會被執行下去。

目錄

Chapter 2
找出高成功率賺錢點子，走向成功之路！

Chapter 3
找出屬於你最有賺錢潛力的利基市場！

Chapter 4

了解目標客戶，掌握市場需求！

Chapter 5
打造行銷模式，賺取穩定收益！

Start up

打造富口袋，
先裝備強大的內在動機

做任何事情，找到核心動力真的超重要！如果你只是抱著「隨便試試看」或「多賺一點零用錢」的心態，很容易在遇到挫折的時候就放棄，特別是從零開始時更是如此。

大家應該都有聽過 Elon Musk（伊隆・馬斯克），對吧？即使不熟悉他本人，應該也知道電動車的代名詞「特斯拉」。特斯拉的誕生，就是因為馬斯克想要改善人類未來、保護地球環境的強烈動力。正是這種內在的驅動力，讓他在面對巨大的財務壓力、技術挑戰，甚至外界質疑時，依然選擇堅持。他的公司 SpaceX 早期試射火箭失敗多次，甚至差點破產，但馬斯克依然相信自己的使命，最終扭轉局面。這就是內在動力的力量——當你遇到困難和挑戰時，內心的熱情和使命感會推動你不輕易放棄。

再來說一個例子，大家知道《怦然心動的人生整理魔法》的作者近藤麻理惠嗎？因為熱愛整理這件事，並且相信「整理能帶來幸福」，她幫助無數人過上更有秩序、更快樂的生活，成為全球知名的整理師。

還有，星巴克的創辦人 Howard Schultz（霍華德・舒茲），當初並不是單純想開一家賺錢的咖啡廳。他的目標是打造一個能讓人與人產生連結的「第三空間」——一個既不同於家，也不同於辦公室的舒適場所。他希望星巴克不只是提供咖啡，而是帶給大家一種社交體驗和生活方式。正是這樣的內在驅動力，讓星巴克成為今天大家都熟悉的品牌。

當然，不是每個人都需要像馬斯克、麻理惠、舒茲這樣懷抱改變世界的大志向。我也是一樣的。雖然我在美國學了傳播管理，也擁有自己的專業，但一開始並沒有篤定自己能獨當一面，成為一個創業者，亦或是一個有影響力的 YouTuber，這都是在摸索和堅持中慢慢走出來的。

對生活迷惘時，是挖掘熱情和能力的好時機

每個人都有對人生感到迷惘的時候，不知道自己可以透過什麼樣的技能或是抓住怎樣的機會創造更多收入……七年前的我也跟許多人一樣，做著一份不是太有熱情的工作，工作對我而言就是一個賺錢的工具，而且是唯一的收入來源。日復一日，過著上班下班、沒有目標的日子。在迷惘不安中，我很清楚這樣下去我會很不快樂，我不想一輩子就這樣，於是我開始閱讀各種探索自我的書、人格測驗分析等，試圖找到自己真正感興趣和有熱情的事。因為如果不是自己喜歡的、缺乏熱情下，不論做什麼

都不會真心感到快樂或是擁有成就感，遑論離開目前的工作或是創業。

那時候我嘗試了各種人格測驗分析想找到自己的天賦，其中有個測驗影響了我的人生，就是《順流致富GPS》中的八種人格特質分析，我得到的分析結果是「明星特質」。簡單來說，就是「把自己當成產品來行銷自己」的特質。

得到這個結果讓我非常訝異。一直以來我都覺得自己是喜歡低調的人，怎麼會是跟美國知名的脫口秀主持人歐普拉一樣擁有明星特質?! 之後我買了歐普拉的書來看，企圖找到一些靈感或想法，並持續思考該如何發揮這項天賦＝明星特質，以及如何結合我的技能與專長？

我在美國念傳播管理，學到的都是一些傳統媒體的相關知識，同科系的傑出校友有沈春華、侯佩岑等知名主播，而我自己在專業領域的相關經驗中，最讓我感到開心的工作是電視購物台的助理工作。考量到結合天賦和技能，或許我滿適合去爭取或應徵電視台露臉的相關職務，但當時我有一份無法說走就走的工作。

某一天，我跟我的室友（念同一傳播學院）聊了彼此未來想要做的事情。她曾在電視台當過記者；她告訴我，她一直很想有一個自己的節目，聊著聊著，我們發現想要實現這個想法，並不需要仰賴傳統的製作公司或是電視台才能辦到，透過 YouTube 平台就能做，於是我們決定一起開個專屬節目，架設我們的「電視台」——Wanderlust S&E，透過這個頻道節目分享各種生活經驗，包括藝術、美食、書籍等多項主題。後來我慢慢發現自己對製作影片擁有強烈的熱情，就算熬夜剪片剪到凌晨四五點都沒問題，完全是進入心流的狀態。憑著這股強大的熱情，我開設了個人的頻道「Ms. Selena」，陸陸續續得到許多觀眾的反饋，累積了一些人氣，這時候我才領悟到自己擁有把複雜的事情變簡單的能力，可以邏輯清晰地表達讓大眾都能聽懂，甚至幫上忙……在慢慢摸索以及大量覺察的過程找到了自己真心喜歡的賺錢方式。

「要找到興趣和天賦，絕對不能只是憑空想像，而是要一邊做出行動，一邊覺察自己的感受。」

可能有人會想說，我畢竟是念傳播管理，已經有一些基礎，所以可以很快獲得成功。但術業有專攻，我其實對剪輯、影片企畫以及頻道經營完全沒經驗，過程中也遇到各種不熟悉的事物和形形色色的困難，但是因為內在湧現的熱情和想把頻道經營起來的渴望，讓我可以一一克服困難不斷前進。所以我才會說，擁有強烈的內在動機非常重要。當你清楚知道自己為什麼想開創第二份收入時，就能設定明確的目標，並始終朝向那個目標前進。內在動機會幫助你在前往目標的旅程上堅定信念，專注在真正重要的事情上。

麻理惠就是一個值得學習的例子，她以「KonMari 整理術」為核心動機，目標清晰地專注推廣理念，透過寫書、講座和電視節目實現理想，就算面臨文化差異和市場挑戰，她依然能夠專心一志，成功將自己打造成全球知名的整理專家。

當年我開始經營副業「投資理財頻道」時，第一目標就是達成十萬訂閱。由於還有正職工作在身，基本上時間非常有限，但因為有這股強烈的動機，讓我可以毫不猶豫地拒絕很多飯局與玩樂的邀約，只為了善用時間把影片剪出來，好如期且穩定地更新頻道影片。在堅持了一年多後，終於達成了十萬訂閱的目標。

回想當時，一開始根本想不到這樣一頭熱的付出會有多少收入，單純就是感受到自己能將所學整理後用自己的方式輸出分享，並且收到觀眾的留言與感謝，這樣的美好循環給予我的成就感是金錢無法比擬的，更是支撐我成為自由工作者，活出自己理想生活的最大動力。

當你的收入來源與內在動機一致時，你的努力不只是為了賺取額外的收入，還會有內在的滿足感。這種滿足感來自於實現自我價值、幫助他人，或是達成你個人的生活目標。這會讓你的第二份收入來源不僅僅是工作，而是更有意義、更充實的生活方式。

即便現在我有了自己喜歡的事業，也擁有了多個收入來源，我跟老公 Wayne 還是會常常發想或是有意識地去發現各種不同的賺錢機會，就像我常常鼓勵頻道觀眾一樣，創造多元的收入來源才能有效降低生活的風險，並且更快累積到你想要的財富目標，同時還能創造一個屬於你的豐富人生。

如何找到自己的內在動機？

打造第二份收入充滿了挑戰和不確定性，僅憑短暫的興趣或外部壓力很難長久堅持下去。內在動機來自於你對某些事物的真正熱愛、對自我成長的渴望，或是對家庭和生活的深層責任與期許。它能在你遇到困難時，激勵你不輕言放棄，繼續努力。找到這個核心的動力真的非常重要，這個力量會轉化成強大的執行力和毅力，幫助你克服各種障礙、堅定你持續的腳步。

因為我自己經歷過，了解在摸索前行的過程中可能遇到的難題，所以特別整理出一套有系統的方法和流程，幫助不了解自己、對未來迷惘的所有人，找到屬於自己的賺錢方向和成功率最高的賺錢方式。

這些年經營頻道、出書、舉辦講座的經驗中，看過非常多的例子，每個人想打造第二收入的動機都不一樣，但也不脫以下四情結：

1. 財務自由與安全感

首先，大家都會希望有個更穩定的收入來源或想要擺脫經濟壓力，而心生打造第二份收入的渴望。在本業之外再多一份主動收入，不但能償還債務，或是更快一點地積累財富、儲備更多可以投資的本金……

如果這是你心裡所想的，那你現在每個月的收入足以應付生活中的種種開銷嗎？還是每個月扣除生活必要支出能存下的錢不多？或是你有想要實現的人生目標與夢想，但必須先付出一大筆金錢，例如：結婚辦婚禮、買房、養兒育女、環遊世界等，然而依照現有的收入你很難沒有壓力的去完成這些人生的目標。這些都是驅動我們打造富口袋的內在動機，不過激發動機的原因要夠具體、夠急迫，執行力才會越堅定而強大，例如：

．組建家庭的年輕夫妻，因為生了小孩，目前的家庭收入變得吃緊，甚至有坐吃山空的趨勢，作為家庭支柱的媽媽，希望做點什麼來補貼家用，和存點錢為孩子的教育金做準備。

．才出社會就遇到可怕通膨的低薪上班族，別說買房和生活品質了，房租、物價漲得凶，每個月的薪水都只剩下個位數，偶爾聚個餐還得刷卡付循環利息支應……

．新冠疫情、大地震、豪雨災情頻傳，讓人不免憂心世事無常，為了讓自己和家人的未來更有保障，盡可能的累積儲蓄以免危機來時措手不及，因此很有必要做一份自己可以掌握的第二收入。

．現在的工作很不錯，但是薪水幾年沒漲了，投資基金打造被動收入小有獲利，但本金真的太少，賺到的錢仍距離財富自由太遙遠，所以創造主動收入、擴大投資本金刻不容緩。

以上這些都會是你追求更好財富狀態的強大內在動機。

2. 追求夢想與興趣

第二個內在動機就是追求夢想與興趣，也就是說，你的第二份收入與你長期以來的夢想或興趣有關，而這些夢想並無法在你的主要工作中實現。比如說下班後做與自己興趣相關的事情，例如寫作、攝影、藝術創作等。追求夢想與興趣會讓你內心感到充實和快樂，而這種快樂源自於你能夠投入真正熱愛的領域，這股熱情是讓你不斷前行的強大動力。我們夫妻有位熱愛攝影的朋友，他本業是軟體工程師，平時工作繁忙，但是下班時間會接案幫人拍攝照片，只要收到客戶的正面反饋，就會讓他成就感滿滿。這份心情就是促使他持續投入第二收入的強烈動機。

3. 實現自我價值

第三個內在動機是實現自我價值，也就是說，你可以透過第二收入來實現自我，證明你在某個領域的專業能力或影響力。說得清楚一點，就是當你看到自己對他人有所幫助和影響時，例如你販賣的產品解決了客戶的問題，或是你的服務讓他人生活更美好……這些事讓你感到極大的滿足。這種自我價值的實現也是一個非常棒的動機，因為它將會持續激勵你提升自己，並推動你投入下班後的第二收入。

在我們輔導的案例中，有位女士主要從事協助企業端的金融相關事務，因為迷惘自己的未來，以及想找到自己的人生價值，於是決定下班後開始為小資族們提供財務健檢與諮詢。透過自己所輔導的個案改變用錢方式、擺脫負債，甚至開始有儲蓄等，她發現自己原來也能對人有正面的影響、對社會有所貢獻，所以更有動力去持續財務健檢與諮詢的副業。

4. 追求更美好的家庭與更理想的生活狀態

第四個內在動機就是追求更美好的家庭與更理想的生活品質。家是每一個人心中的安全港灣，也是我們在外面努力奮鬥的最大原動力。為了提高居住品質，給家人更好的生活條件和更多的選擇，像是買一間自己的家、換大一點的房子、讓孩子去念雙語學校和學才藝、全家人每年都能出國度假等，都會是促使你開發第二收入的強大內在動機。

有個個案利用下班時間跟老公一起做換紗窗的副業，她告訴我們賺錢是其次，最大收穫是老公不再下班回到家就賴在沙發上打電動，反而會為夫妻共同經營的第二收入研究更好的服務或做相關的功課，讓他們夫妻的關係更緊密了，而且有了共同的目標，也讓她感覺更幸福了。

我的老公 Wayne 也是一個極佳的案例；他還在遊艇公司上班時，因為購買遊艇的船主都是週末看船或出海，所以幾乎假日都在加班，一個月頂多休息兩天，將自己完全奉獻給工作，慢慢的讓他感覺到這不是他想要的生活。後來遇到我，我鼓勵他可以在主業之外，同時創造第二收入，於是他也開始慢慢打造自己下班後的收入管道。

因為他曾在高爾夫球公司工作過一段時間，在活動策展上有一些人脈、資源與經驗，於是先從接一些策展案子開啟副業。後來我們一起學習房地產投資，累積了一些額外收入後，讓他在取捨家庭生活與本業工作上更有底氣了。

當你的收入不是只有仰賴單一來源時，那個心境上的轉變真的很不一樣，讓你有能力去做更多不同的選擇。

任何想要利用下班時間追求第二收入或是斜槓人生的人，一定都會有這四大情結：追求財務自由與安全感、追求夢想與興趣、實現自我價值、追求更美好的家庭與更理想的生活狀態等。請找到激勵你打造富口袋的內在動機，轉化成促使你積極行動的最大動能。當你能清楚的辨識並不斷回顧這些鼓舞你的內在力量，它就會是推動你努力實現第二收入的強大燃料，遇再大的困難都能一一克服。

接下來就要帶領大家進入正題——五步驟實現法，這可以說是一道成功方程式，當你熟悉這些步驟的執行邏輯以及理解為什麼要這樣做的原因後，你在開創自己的第二收入時，就能心無旁騖的朝目標前進，而且只要好好地執行這五大步驟，賺錢的點子也會越來越清晰！

Chapter 1

挖掘資源，激發賺錢靈感！

許多人興起念頭想要賺更多錢時，都是先看看別人正在做什麼？朋友做了什麼很賺錢？市場上正在流行什麼？又或是哪個行業、哪個領域現在最吃香、最賺錢，然後就開始投身去做，但往往以失敗收場，原因就出在只關注外在因素，少了盤點自己資源的步驟。這個步驟非常重要，因為它盤點了你的「內在動機」，以及你所擁有的「外在輔助資源」。

當我們要投身一個賺錢的項目，必須思考為什麼要做，以及它跟我們自身的連結性。是因為我過去有相關的經歷、經驗嗎？還是因為我對這件事情很有興趣、我很喜歡，所以我決定去做這件事？

如果可以先完整盤點自己現有的資源再去發想賺錢點子，較容易找到現階段對我們來說成功率最高的項目。根據自己擁有的資源或優勢去發揮，做起來不但省

Mr. Wayne 如是說

盤點資源的過程就像打電玩《三國志》一樣，當我們要出兵去攻打別人的城池前，要先看自己的兵力有多少、兵種是什麼、有多少把握可以打贏對方，攻下城池？而不是莽撞出兵，結果打了敗仗，又造成無謂的兵力耗損。我們在決定賺錢項目時也一樣，要先了解自己有什麼資源再行動，才能提升成功的機率。

力，也更容易成功。再說每個人的資源與優勢都不一樣，別人用自己的方式賺到錢，不見得你用一樣的方法會成功，所以不要再看別人做什麼賺錢了，找出自己的優勢好好發揮，才更有機會打造出你自己的第二賺錢管道。

挖掘自身資源的重要心法與觀念

「沒有什麼資源，怎麼辦？」這是最多人會問的問題。事實上，每個人都有自己獨一無二的資源，只是我們因為太習慣已經擁有的東西，像呼吸空氣一樣很習以為常地使用它，而不會特別發現，所以，接下來我們就要帶你一步一步地把它找出來。

1. 資源無處不在，換個角度看待就能變現

第一關鍵心法是學會從不同角度看待你已有的資源。資源不僅限於金錢，還包括你的人脈、知識、經驗，甚至是興趣愛好。這些看似平凡的事物，在不同視角下，可能會成為創造額外收入的靈感來源。

聽到「盤點已有的資源」，不少人的第一反應是

「我沒什麼資源」或「我從小到大沒什麼特別的專長或興趣」……當他們開始進入盤點步驟後，往往會驚訝地發現，原來自己擁有的資源其實很豐富。這是因為我們大多只關注自己沒有的東西，而忽略已經擁有的，所以只要認真資源盤點，就能挖掘出不少具有變現潛力的賺錢點子。

以 Sandy 為例，一開始她覺得自己很平凡，沒什麼特別的技能或資源可以用來打造第二份收入，但是她每天下班後，最喜歡研究甜點，其中她獨創的健康低糖點心，非常受家人和朋友的喜愛。而且，她根本沒想過這項消遣會成為賺錢的契機。

經過資源盤點後，她意識到這項累積多年的興趣，其實是極具賺錢潛力的技能，於是她開始思考，現代人非常重視健康飲食，然而市面上可以讓人放心吃的甜點並不多，這不正是一個可以切入的市場嗎？於是決定發揮製作甜點的技能，鎖定低糖、無麩質且健康的甜點市場。

個案 Sally，她也是對自己已有的資源缺乏信心，覺得自己既沒有專業背景，也沒什麼特殊才能可以拿來創造第二份收入。在盤點資源的過程中，她重新認識了自己的園藝愛好，發現原來把家裡的植物養得生氣勃勃，讓受到蟲害或因季節轉換就快枯死的植物起死回生，也是一項了不起的技能。

在她正視這項興趣可以成為賺錢資源後，她靈光乍現：為什麼不把這些園藝知識應用到一個實際的賺錢機會上呢？她想到，很多人家裡養了植物，但因為缺乏知識，常常遇到植物生病或枯萎的問題。如果能提供植物醫生到府出診服務，幫助這些家庭照顧生病的植物，將會是一個有趣又有市場需求的賺錢點子，於是她成了一位「到府出診植物醫生」。

Una 也認為自己沒什麼特殊資源，不過是一個喜歡動物的人，家裡養了一隻狗，閒暇時也幫朋友照顧寵物，這項嗜好根本無法跟賺錢搭上邊。直到她執行了資源盤點的練習後，才意識到自己其實擁有一個非常重要的資源——她對動物的熱愛與照顧寵物的經驗，遠遠超過許多忙碌的家庭。

她意識到，隨著現代人工作越來越忙碌，不少人出差或長時間工作時，考慮到寵物的穩定性，不想委託寵物旅館或帶到親友家安置，寧可選擇讓熟悉的人到家裡照顧。於是她開發了「到府照顧寵物的服務」，幫助那些忙碌的工作者代為照顧寵物，不僅餵食、遛狗，還會細心觀察寵物的健康狀況。這個賺錢的想法不只讓她天天都能快樂的和喜愛的動物相處，透過寵物主人和受照顧動物狀態的反饋，還收獲了滿滿的成就感。

這些個案開發的第二份收入管道，都是多數人認為不值得一提的興趣或日常活動，之所以能轉化成有市場價值的賺錢點子的關鍵，就是學會了從不同角度看待自己的資源，並勇於將它們用來賺錢。

2. 放下包袱與成見，擁有一顆開放的心

我們很容易受到過去經驗和成見所束縛，因此在盤點資源之前，有個重要的心法：放下這些既有的包袱與成見。一旦能以開放的心態去看待你的資源，將會發現無限的可能性，並且萌生源源不絕的賺錢靈感。

H 先生，大學念的是水產養殖專業，在最初盤點資源時，他並沒有往這項專業思考。原因是，他畢業後找工作時，投了幾十份履歷都沒得到回應，甚至有位面試官當面

撕了他的履歷，讓他徹底放棄往水產養殖相關領域發展。

事實上，H 先生對這項專業充滿熱情。他在學校時，成績名列前茅，還飼養了許多稀奇古怪的水族動物，對於該領域如數家珍。同時，他有許多同學的家裡都經營水產養殖，換句話說，在這項領域裡他擁有了非常豐富的人脈資源可以整合利用。

最終，H 先生決定結合興趣、專長及人脈資源，開展水產相關的團購賺錢點子。後來他還把團購事業再擴大到其他人脈，提供客戶更多元的產品選擇。如今他的團購事業越做越好，最近聽說一天的營業額就突破七萬元！

另一個案 Winnie，她曾經是個非常熱愛戶外運動的人，尤其是登山和露營。參加過各種戶外活動，對裝備選擇、路線規畫，以及如何安全地在戶外過夜等都有著豐富的經驗。後來因為工作繁忙，慢慢地就淡出了這些活動。當她在做資源盤點時，一開始也沒將這些經歷視為有價值的資源，認為只是年輕時的愛好，和賺錢沒有任何關聯。

但在盤點的過程中，她重新審視自己的戶外活動經驗，並且意識到越來越多人對露營和野外活動心生嚮往，卻礙於缺乏足夠的知識和信心而不敢貿然行動。這讓她萌生了一個想法：她可以利用自己對露營的熟悉度，去幫助初學者入門。

於是，她想到可以開一個線上露營課，專門針對新手家庭，從裝備選購、路線規畫，到如何確保小孩在戶外活動中安全無虞，全方位地提供指導。除外，她還可以策畫定期的親子露營團，讓有興趣的家庭可以有機會實地體驗並將學到的知識付諸實踐。同時，她還能開闢另一條收入管道，就是與戶外品牌合作，推薦學員合適的露營裝備，並從中賺取佣金。

以上兩個故事都告訴我們，只要放下過去的束縛和成見，重新審視自己的興趣和經驗，即便只是曾經的「愛好」，都可以把不可能化為可能，為自己帶來意想不到的賺錢機會。

3. 資源的價值在於創造性運用

資源的價值取決於你如何利用它們。關鍵在於不只停留在資源的表面用途，而要通過創造性運用，激發出新的賺錢點子。每一個資源都蘊藏著無限的可能性，重要的是如何充分發揮它們的潛力。

C 小姐熱愛畫畫，喜歡創作充滿個性和故事性的插畫。她在國外生活多年，但一直不確定如何將這項興趣轉化為賺錢機會。當她開始資源盤點時，內心仍然充滿迷茫，不知道怎樣將「畫畫」變成一個收入來源。

然而，在盤點的過程中，她發現了兩個非常有潛力的資源：首先，她對畫畫的熱情與能力，是她多年來累積的寶貴技能；其次，她作為一個旅居國外的亞洲人，擁有獨特的文化觀點和故事，可以為她的創作增添鮮明的視角，於是她產生了一個想法——為何不創作一本以亞洲爸爸為主題的漫畫，將自己的文化背景和創作能力結合起來呢？

後來她創作了一本以一隻小豬為主角的漫畫，以極具個人色彩的繪畫風格講述一個亞洲爸爸如何教育子女的溫馨又幽默的故事。C 小姐將這本漫畫上架到國外的募資平台，沒想到反應相當熱烈。人們不僅喜愛她的畫風，更被書中獨特的亞洲家庭故事吸引。最終，她成功籌得 26 萬新台幣的資金。

Riley 是一位在財經公司工作的專業人士，他主要負責研究各家銀行的信用卡優惠方案。Riley 本身也對寫作充滿熱情，閒暇時間筆耕不輟。一開始他覺得這兩個領域毫無關聯，更沒想過可以結合這兩項資源拿來賺錢。

經過資源盤點後，Riley 開始思考怎樣利用工作上的專業和寫作興趣創造出賺錢的機會。他想到不少人都想搞清楚各家信用卡的優惠方案，但是缺乏足夠的資訊來幫自己明確判斷和選擇。於是，他靈機一動，決定創辦一個專注於信用卡優惠的部落格，以簡單易懂的方式分享他的專業知識，然後透過聯盟行銷賺取收入——讀者閱讀他的文章後，通過他提供的連結申請信用卡，他就能賺取佣金。

上述兩個個案充分說明了資源的潛力一旦被運用，就能有意想不到的結果。

挖掘資源常見的挑戰與解法

想像一下，如果你有兒子，而他很想學習打籃球時，你會去請籃球傳奇麥可·喬丹來教他嗎？答案應該是，不會。因為喬丹的學費可能高達每小時百萬美金，這不是一般家庭能負擔的。其次，喬丹可能已經忘記初學者需要學習的籃球基本動作，因為他早已經把這些技巧徹底內化了。所以，如果兒子要學籃球，找附近大學或高中籃球隊的教練來指導，應該就綽綽有餘了。

藉由這個問題，我們想要說的是，即使你的能力評分只有 5 分，依然能夠幫助那些在 0 到 4 分之間的人達成他們的目標。所以，不要低估自己的潛力。只要清楚自己的強項，並找到那些需要你幫忙的人，就能發掘出新的收入機會。

1. 自我限制

大多數人都低估了自己的能力和資源，認為自己沒有足夠的條件來創造第二收入，甚至忽視既有的優勢。如果你也面臨這樣的挑戰，首先要做的就是審視你已具備的能力和資源，尤其是你有而別人沒有的。下面分享一個典型的「自我限制」案例——透過 Samantha 低估自己已經具備的資源和能力的故事，可以幫你打破這種思維模式並找到新的收入機會。

Samantha 是一位全職媽媽，對居家設計和收納整理有著濃厚的興趣。她經常利用空閒時間在家裡進行各種改

造，每次朋友來訪都會對她的品味和布置手法讚美不已。然而，當朋友建議她利用這項才能來創造額外收入時，她都自我設限地認為自己沒條件賺這個錢，既沒有專業學經歷，也不是設計師出身，根本不會有客戶願意付錢請她幫忙布置家裡。

經過資源盤點後，她決定先從小規模開始，為鄰居和朋友提供簡單的家居布置服務，並記錄工作成果，分享到社群平台。由於她的目標客戶是那些想改善居家氣氛，但又不想花大錢和時間重新裝潢的人，因此她的成果展示很快獲得了廣泛好評。不用付昂貴的設計師諮詢費，就能享受舒適的空間並提升居家品味下，為 Samantha 開發了不少客源。Samantha 也從中意識到，就算沒有設計師背景，她的經驗和視覺美感依然具有價值。她的故事足以證明，即使只有「5 分」能力，依然可以幫助那些能力在 0 到 4 分之間的人。

2. 過度關注外部資源

第二個常見的挑戰是，有些人過度依賴外部資源，忽略了自己內在的能力、經驗和人脈。他們往往認為，只有擁有更多的金錢、技術或設備才能開啟收入來源，卻忽視了現有的資源其實已足夠讓他們起步。

如果你也是這麼想的，建議你從手邊的小資源開始、立即行動，而不要等到所有外部條件完美無缺才做。

資源是可以隨著行動慢慢累積的，行動比完美的準備更重要。

我在開始錄製 YouTube 影片時，不過是使用電腦內建的前鏡頭而已。雖然原因也是沒有龐大的資金可以揮霍，但我更擔心為了拍影片投入大量金錢購買高階設備、燈光，甚至聘請專業剪輯師，最後沒能成功，這些錢不就白花了嗎？

後來，我推出第一個線上課程時，也是利用現成的工具，比如利用 Google 表單來銷售課程，而不是一開始就投資昂貴的銷售系統。這樣的作法讓我在不冒太大風險的情況下，成功開啟了多元收入的管道。下面的案例也可以更好的幫助你理解無須過度關注外部資源。

Michelle 是一個熱愛烘焙的女孩，從小就夢想開一家自己的手工甜點店。她常為家人和朋友製作甜點，因為太好吃了，所以大家在稱讚之餘，也建議她把興趣當事業來做。但是 Michelle 認為要開一家甜點店必須具備很多條件，例如：租一個漂亮的店面、購買專業的烘焙設備、打造一個精緻的網站，甚至還要聘請專業的設計師來幫忙設計品牌形象……因而遲遲沒有行動。

「過度關注外部資源」讓她舉棋不定，覺得一定要在所有外部條件都完備時，才能開店，否則一定會失敗。一直到有位朋友幫她開啟了另一個視角。朋友建議她，不如先從手邊已有的資源開始進行，Michelle 深思後，決定以自家廚房為基地，並利用社群平台，如 Instagram 和 Facebook 來展示她的作品，同時利用免費的 Google 表單來收集訂單。在口碑效應下，從朋友和朋友的朋友不斷擴散出廣大的客源，訂單越來越多，打破了她原本的想法——在沒投資昂貴的設備和店面下，成功打造了穩定的收入來源。現在，她的第二收入來源已經成長到，她真的可以考慮投資更專業的設備和更大的製作空間了。

所以，**打造更多收入來源，沒有所謂「準備好」的那一天，行動力才是成功的最大關鍵！**

3. 固定思維模式

有些人容易陷入固定的思維框架，認為「我只能做這個」，而錯失了許多潛在的機會。所以，在資源盤點階段，我們會透過一些有效的工具，幫助你跳脫受限的思維框架，去探索更多的可能性，並引導你藉由不同的思考角度發掘更多你不曾意識到的資源與機會。

比方說，假設你是一位教育工作者，礙於你的背景和經驗，長期以來你都認為自己只能從事教育方面的工作，加上沒有其他技能，根本無法探索其他可能性。但是透過盤點與發想，你可能會發現自己原來對健康飲食充滿熱情，甚至還成功幫助過朋友改善飲食習慣。最後，你會意識到，自己可以將這份興趣與教學專業結合，開展一個專注於健康飲食教育的收入管道。這樣一來，你不僅跳脫了「只能教書」的思維，還找到了結合興趣與專業的新方向。

來看看 Lily 的例子。她在一家大型公司擔任企業管理多年，專門處理業務流程和公司管理。她的整個職業生涯都圍繞著商業和管理，因此她始終認為自己的職業發展只能在這個領域內進行。Lily 每天忙於處理公司內部的問題，雖然工作穩定，但內心感覺空虛且疲憊不堪。她覺得自己的工作沒有創造性，卻也認為自己除了商業管理，沒有其他技能可以發展。

事實上，她自年輕時就很熱中瑜伽運動，從中得到放鬆並重拾內心的平靜。工作壓力越大，她就越依賴瑜伽來平衡自己的生活。一次偶然的機會，她在朋友建議下參加了一個瑜伽老師培訓班。剛開始，她只是為了深入了解這項嗜好，並沒有打算作為事業來發展。沒想到在培訓的過程中，她逐漸發現自己其實很適合教學，可以邏輯清晰地向人傳達動作要領。這與她在企業管理中培訓員工的技能重疊，原來她不但可以管好公司，也能勝任瑜伽老師的角色，就這樣開展了全新的收入管道，利用業餘時間教授瑜伽，並逐漸培養了一批忠實的學生群。後來，她甚至開辦了自己的瑜伽工作室，商業管理的經驗更讓她在經營瑜伽工作室上比別人更得心應手。

只要打破固有的思維模式，就會發現許多過去不曾考慮的資源和機會，為自己開創更多可能性。了解自己、認識自己是挖掘資源的關鍵基礎。當你對自己的資源有了清晰的認識，就能更好的發揮在打造你的賺錢管道上，並能更有自信的去探索新的機會。

準備好盤點你有價值的六大資源

接下來，將透過引導性問題記錄可以發想的關鍵字，最後再將這些關鍵字整合，並結合曼陀羅九宮格表（如下圖）的運用，協助你清楚的識別自己所擁有的資源，從中衍生出潛在的賺錢點子。如果某個賺錢點子能夠衍生多個關鍵字，就意味著你擁有更多的資源來支持這個點子，自然成功的機率也更高。

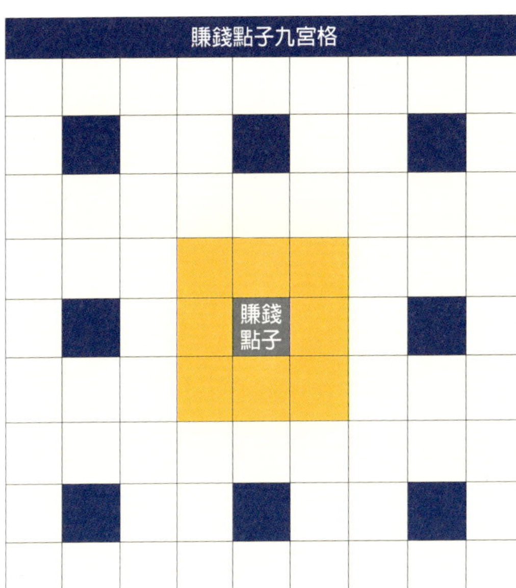

盤點項目一：興趣

1975 年匈牙利裔美國心理學家米哈里·契克森米哈伊提出了心流理論（Flow），說的是人在遇到挑戰現有能力時，有意識地專注在將身心能力發揮到極致，然後會很自然的忘乎時間和自己而呈現出自動運轉的狀態。

所以說，**興趣會是內心最強大的驅動力**。當你真正對某件事充滿熱情時，你會甘願不計代價地投入時間與精力，即使一開始沒有實質的回報（例如：金錢收入），你也能堅持下去，並長期經營，而這正是成功開拓新收入來源的關鍵之一，也是資源盤點的第一關鍵項目。

回想一下，你是否有過這樣的經驗：專注在某件事上，時間不知不覺就飛逝了？這些瞬間通常來自你喜歡、熱愛或感興趣的活動。像 Wayne 就對組裝模型充滿熱情，可以徹夜不眠只為了完成一個作品；他也熱愛園藝，空閒時總會悉心打理自己的小花園。這些活動不會為他帶來任何收入，但他十分樂意投入全副心力。如果能將這些熱愛轉化為收入來源，豈不是最理想的情況嗎？

雖然我們的最終目的是賺錢，但在開始賺錢之前，往往會有一段收入不穩定或是沒收入的時期。如果沒有足夠的熱情支撐，或是勉強自己去喜歡它，你會很難熬過這段挑戰期，最終可能會選擇放棄，導致這個賺錢想法無法成功。所以，興趣不僅是驅動力，還是**讓你克服困難、持續前行的堅實基礎**。

我在美國讀研究所時，當時很流行網拍，就是在網路賣衣服，身邊不少朋友都因此賺到錢。我看見這股趨勢決定跟風，於是把自己所有的積蓄投入進貨，開啟了網拍之路。自己充當模特兒，自己拍攝商品，還買了燈光設備來提高照片質感。結果並不如預期，只賣出 20 件左右，而且幾乎都是朋友捧場，剩下的庫存現在還堆放在我娘家占地方。回頭來看，失敗的根本原因在於我沒有進行資源盤點，就盲目投入大量時間和金錢。

我相信很多人都跟我一樣，從小到大，一路遵循著讀書、升學、畢業、找工作的路徑，根本沒有想過自己有什麼興趣。在選擇就讀的科系和職業上也不是因為有熱情，而是基於家人的期待或經濟考量。因此，當我們要開始一條新的收入路徑時，往往並不清楚自己的內心驅動力，最終導致失敗。

因為這樣，本書中我們將會透過一系列引導性問題，幫助你擺脫外部的限制，回歸內心、探索出你真正的興趣和熱情。在這個過程中，你不用擔心思考方向過於發散，只要專注於探索所有的可能性。而且，你也毋須擔心這些想法是否可行、能不能變現，或是市場競爭激烈與否，這些問題都會在後面的章節，透過系統化的方法來篩選出最適合你的、成功率最高的賺錢點子。

如果在回答以下問題時遇到瓶頸，也不用焦慮，直接跳過那些問題，並不會影響後續的學習。最重要的是，盡可能地去發想，讓自己從不同角度看見更多可能性。

請思考以下問題，並且把你的答案寫下來

Q1：你的興趣是什麼？也就是說，你有沒有特別熱中做的事情？（沒人逼你，你也願意付出時間去做，並且不求回報的事）

範例 小 M 的回答：

我對寫作非常熱中，尤其是寫有關個人成長、心理學和生活反思的文章。即使沒有人強迫我去寫，或者沒有報酬，我也會在空閒時間寫文章來記錄我的思考和感受。寫作讓我感到很放鬆，同時也能整理我的思緒，這對我來說是一個自我表達的重要途徑。

Q2：你平日下班後以及假日喜歡從事什麼休閒活動？

範例 小 M 的回答：

我下班後喜歡閱讀，特別是有關心理學、投資理財和旅遊的書籍，這些內容不僅讓我學到新知識，還幫助我拓展視野。假日期間，我也很喜歡外出健行或到戶外露營，因為接近大自然讓我感覺到身心舒暢，遠離城市生活的壓力。

Q3：如果全世界所有工作的工資都一樣，你想做什麼？（不管自己現階段有沒有這項專業技能都可以寫。因為撇除錢的因素思考，才能發現你內心真正的渴望）

範例 小 M 的回答：

如果工資對我來說不是問題，我會選擇成為一名全職的旅行作家。能夠一邊環遊世界，一邊寫作並記錄不同的文化、故事和個人反思，這是我一直夢寐以求的生活方式。我非常喜歡用文字來表達經歷和感受，這樣可以讓我分享自己的經驗，並啓發更多人去探索世界。

Q4：如果沒有學費的限制（學任何東西都免費），你想要學什麼？

範例 小 M 的回答：

如果學習是免費的，我會學習多種語言，尤其是西班牙語和法語，這樣能讓我在旅行時更方便與當地人溝通，並且深入理解不同文化。除了語言，我也會學習專業攝影，因為我希望拍出更高品質的照片來配合我的寫作。

Q5：想像你已經財富自由，過著不用為錢煩惱的生活，你會怎麼安排你的生活？

範例 小 M 的回答：

如果我已經財富自由，我會以追隨我的熱情為主軸來安排我的生活。首先，我會開始一場長期的環球旅行，走訪我一直嚮往的國家，記錄每個地方的故事和文化。同時，我會寫作和拍攝，出版旅遊書和紀錄片，分享我的經歷和反思。當我不在旅行時，我會住在一個靠近自然的地方，繼續從事創作、寫作，並且開辦免費的寫作和語言課程，幫助其他對這些領域感興趣的人實現他們的夢想。

盤點項目二：天賦

天賦是你與生俱來的能力或特質，也就是你內建的優勢，這些能力通常不需要過多努力就能輕鬆做得很好。它們也是你在各方面脫穎而出的關鍵。你是否曾經聽到別人這樣對你說：「我覺得你真的很擅長做……」或者「你就是這方面的天才啊！」如果有，**試著回想一下，別人最常讚美你哪些方面，通常這些正是你展現天賦的時候。**

此外，我們在成長過程中可能也參加過各種天賦測驗，這些測驗能幫助你更深刻地了解自己的優勢和潛能。我自己也曾經迷茫過，並透過多種人格和天賦測驗，逐步找到自己的強項。我相信你可能也喜歡做這類測驗，甚至已經做過一些了，而這些結果或許會讓你對自己有新的發現，幫助你更清楚地認識到自己的天賦和發展方向。

請思考以下問題，並且把你的答案寫下來

Q1：在你的成長過程中，有沒有什麼事是你不用特別努力就做得比別人好的？

範例 小 M 的回答：

從小我在語言表達和溝通方面就比同齡人要好。不管是在學校的演講比賽，還是在團隊合作的情況下，我總是能清晰且有效地傳達想法。這對我來說似乎是自然而然的事情，我很少需要刻意準備，卻經常能獲得老師和同學的讚賞。我發現，與人交流和用文字或語言表達自己的觀點，這些能力在我身上似乎不需要過多的努力就能做好。

Q2：你在哪些領域曾經獲得過獎狀、名次，或是公眾的認可？

範例 小 M 的回答：

在大學期間，我參加了好幾場辯論比賽，並且拿下校級和市級比賽的獎賞。我也曾經在學生會擔任公關部長，負責活動策畫和對外溝通，期間獲得了學校頒發的「傑出學生領袖獎」。這些經驗不僅讓我得到了外界的認可，也讓我更加相信溝通與協作能力是我的強項。

Q3：你的朋友或是工作夥伴是否有覺得你在哪些方面表現得特別好，會稱讚你或找你討論？

範例 小 M 的回答：

我的朋友和同事經常稱讚我在團隊中的協作和領導能力。他們說，我在面對複雜問題時，能夠迅速分析情況並給出具體的解決方案，因此每當團隊遇到挑戰時，他們都會找我討論，讓我來幫助釐清思路。他們還特別欣賞我在緊張狀況下能保持冷靜和理性，也因此在團隊裡我經常扮演「穩定軍心」的角色。

Q4：你曾經做過任何性向或是天賦測驗嗎？寫下你印象深刻的形容詞及特點。

範例 小 M 的回答：

是的，我曾經做過許多天賦測驗，包括 MBTI 測驗和 Gallup 天賦優勢測驗。在 MBTI 測驗中，我被測出為「ENFJ」類型，這類型的人具有強大的溝通和領導能力，且善於理解他人。而在 Gallup 天賦測驗中，我的前五項天賦是「溝通者」「策略思考」「關係建立」「成就導向」和「適應力」。這些特點強調了我在與人溝通、處理複雜問題，以及適應變化中的優勢。我印象最深刻的形容詞是「天生的溝通者」，這讓我更加確信，溝通和表達是我能夠發揮的重要天賦。

盤點項目三：技能與專長

技能與專長通常是透過後天的培養而來，可能一開始並不是你最擅長的領域，但經過長時間的訓練和不斷練習，這些能力逐漸變得精湛，並成為你不可忽視的資源之一。當你能將內心的動機與熱情，與現有的專長和技能相結合時，你不僅可以做自己喜歡的事，還能發揮出自己獨特的專業能力，這樣你便有機會在這個領域脫穎而出，甚至比其他人更為出色。

接下來，我們將幫助你盤點你的能力，其中涵蓋軟實力與硬實力兩大類。軟實力是指那些無法被量化衡量的能力，通常也沒有相應的證書可供考取，例如：溝通表達能力、媒合能力、邏輯說服能力、情感共鳴力等。而硬實力則指的是具體的專業技術能力，這些技能可以被量化衡量，例如：影片後製、Excel 圖表製作、簡報製作等。兩者的結合將幫助你全面發掘自己的優勢，為未來的多元收入開拓更多的可能性。

跟前面一樣以問答的方式來盤點資源，透過回答問題來引導你思考過往的經驗，不過這次的重點放在跟你求學及工作相關經驗的探索，而且會分成三大主題，立刻來進行吧。

主題①「求學期間」獲得的技能與專長：請思考以下問題，並且把你的答案寫下來

Q1：列出你的高中以上學歷

範例 小 M 的回答：

高中：XX 高中

大學：XX 大學，主修心理學

碩士：XX 大學，主修企業管理

Q2：在每個不同的學歷中你最喜歡的科目或課程是什麼？為什麼？

範例 小 M 的回答：

高中時，我最喜歡的科目是歷史，因為我對不同文化和時代背景如何影響社會運作非常感興趣。這門課讓我學會了如何透過歷史事件的分析來理解人類行為。

在大學期間，我最喜歡的課程是心理學的「行為科學」，它讓我了解了人類思維和行為的背後機制。我對此充滿熱情，因為它不僅能應用在學術研究上，還能幫助我更好地理解身邊的人。

在碩士期間，我最喜歡的課程是「市場行銷策略」，因為這門課教會我如何分析市場趨勢，並針對消費者需求制定有效的行銷計畫。

Q3：你在該科目或課程具體學習到的能力或技能有哪些？

範例 小 M 的回答：

在高中歷史課程中，我學會了如何運用批判性思維，透過分析歷史事件來理解因果關係，並將這種思維應用到日常決策中。

大學的行為科學課程讓我學會了如何進行心理學研究和分析，並幫助我提升了數據分析與解讀的能力，這對於後來進行市場調查也有很大的幫助。

在碩士的市場行銷策略課程中，我掌握了如何使用 SWOT 分析等工具來評估企業的市場定位，並根據數據和研究制定行銷方案，這也幫助我發展了較強的解決問題能力。

Q4：在你求學的過程中，有沒有參加過什麼社團？有沒有發生過什麼事件是讓你感到很有成就感的？為什麼這件事帶給你成就感？

範例 小 M 的回答：

在大學時，我參加了心理學社團並擔任副社長，負責活動籌畫。有一次，我們組織了一場大型講座，邀請一位知名心理學家來分享他的研究。從活動籌畫、宣傳、邀約到現場管理，我參與了整個過程。講座當天，座無虛席，回響熱烈，甚至還有學生向我們反應這次活動改變了他們的職業取向。這讓我感到極大的滿足和成就感，因為我不僅成功籌畫活動，還對其他人產生了正面的影響。

Q5：在你求學的過程中，有沒有發生過其他什麼特別的事件讓你很有成就感的？為什麼這件事帶給你成就感？

範例 小 M 的回答：

在碩士求學階段，我和幾位同學參加了一場全國性行銷競賽。我們從零開始，研究了一家新興公司的市場需求，並針對其產品制定了一套完整的行銷計畫。最終，我們的團隊獲得了全國第三名，這次經歷給了我極大的成就感，因為我們不僅得到了業內專家的認可，還學會了如何將理論應用於實際商業問題中。

主題②「工作經驗中」獲得的技能與專長：請思考以下問題，並且把你的答案寫下來

Q1：列出你的所有工作經歷

範例 小 M 的回答：

行銷助理：XX 行銷公司

專案經理：XX 科技公司

Q2：你在每個不同職銜中的工作內容是什麼？你最喜歡的任務內容是什麼？為什麼？

範例 小 M 的回答：

行銷助理：我主要負責協助策畫和執行各類行銷活動、撰寫廣告文案、管理社交媒體帳號，並追蹤行銷數據。我最喜歡的任務是撰寫廣告文案，因為我發現我寫出的創意文字可以吸引受眾的注意，並且帶來經濟效果。這讓我感到非常有成就感。

專案經理：我的工作是負責統籌多個科技專案，與客戶、設計團隊和技術部門溝通，確保專案在預算和時間內完成。我最喜歡的部分是與各個部門協調合作，因為我喜歡解決問題並看到團隊共同努力完成一個專案的成就感。

Q3：你在每個不同的工作經歷中發揮了什麼能力？或是學習到什麼能力？

範例 小 M 的回答：

行銷助理：我學會了文案撰寫技巧、社交媒體管理，以及如何有效運用數據來優化行銷活動。我也提升了創意思維和多任務管理的能力。

專案經理：我發揮了協調和領導能力，並學習到如何管理時間、預算和資源。此外，我也學會了與不同部門溝通的重要性，這幫助我在壓力下保持冷靜並解決問題。

Q4：你在每個不同的工作經歷中，有沒有發生過什麼事件讓你很有成就感的？為什麼這件事帶給你成就感？

範例 小 M 的回答：

行銷助理：我曾經策畫了一場針對學生市場的社交媒體行銷活動，活動效果非常好，吸引了大量的互動和分享。這次活動帶來的正面結果讓公司獲得了新的客戶，讓我感到非常有成就感，因為我看到自己的創意轉化為具體的商業成果。

專案經理：我曾經接手一個即將逾期的專案，透過與團隊重新調整時間表和溝通策略，最終如期交付專案，並且獲得了客戶的高度讚揚。這讓我感到非常自豪，因為我在高壓下成功挽救了一個潛在失敗危機的專案。

Q5：在你出社會後，有沒有參加過什麼社團或是組織？你在這個組織或是社團有學到，或是發現自己有什麼能力或專長嗎？

範例 小 M 的回答：

我參與一個單位舉辦的領導力培訓計畫。在這個計畫中，我發現了自己在公共演講和團隊領導方面的潛能，並且透過帶領小組討論和主持活動，進一步提升了自己的溝通能力和領導能力。

主題③「求學與工作以外」獲得的技能與專長：請思考以下問題，並且把你的答案寫下來

Q1：你是否有額外去進修和學習的技能？例如：投資能力、行銷能力、設計能力等。

範例 小M的回答：

我有參加過投資理財的線上課程，並學習了股票投資的基本知識和策略。這些技能幫助我能夠自主管理財務，並得以在日常生活中有效進行資金規畫。此外，我還自學了設計軟體，如 Photoshop 和 Canva。

Q2：如果你收到來自主管／同事的稱讚，通常這個稱讚會是什麼？

範例 小M的回答：

通常我會收到「解決問題能力很強」的稱讚。他們常說我總是能夠在面對挑戰時保持冷靜，快速地找到解決方案，並且能夠有效地協調各方資源來完成工作。此外，我也經常被稱讚在與客戶和同事的溝通上很有技巧，能清楚地表

達觀點並達成共識。

盤點項目四：資金

了解自己的資金狀況能幫助你設定實際可行的目標，並避免過度樂觀或不切實際的期待。當我們能根據現實條件來規畫收入項目時，不僅能更穩定地推進計畫，也能確保有足夠的預備金，避免因收入不如預期而對生活造成負面影響。

接下來我會提供固定公式協助你盤點目前可以動用的資金大概有多少？這裡指的可動用資金是你沒有預計做任何用途的錢，例如：

沒有放在任何投資項目的錢、不需要支出其他未來

Ms. Selena 如是說

資金是每個人在追尋第二收入時最擔心的問題，沒有足夠的錢就什麼也動不了嗎？其實有許多賺錢的方法並不需要投入大量資金，甚至可以用時間換金錢。我開始拍攝 YouTube 影片時，因為是分享知識、觀念，所以沒花太多的經費，倒是投入了大量的時間來構思腳本、拍攝和剪輯。但如果是分享甜點烘焙作法，或是網拍帽子和衣服等，需要有實體產品的製作過程或銷售時，就的確會需要一定的資金。

開銷，比如結婚、買房、生小孩、保險費用等的金錢。

這筆錢不能是你的緊急預備金（緊急預備金可以抓三到六個月你生活所需要的費用），你可以先試想一種狀況——這筆錢如果先拿來打造第二收入，但在還沒有賺到錢，甚至還沒回本時，會不會影響到你原本的生活？

我們認為，創造額外收入的前提應該是在不影響自己現有生活品質的情況下，去探索更多元的收入機會。這筆額外收入的資金可以來自你已經存在銀行的某筆資金（包括活存與定存），也就是所謂的「現金資產」，暫時還沒有具體用途的資金。同時，它也可以來自你每個月固定的薪水，從中定期撥出一部分投入新的收入管道，這被稱為「現金流資產」。無論是哪種資金來源，前提都是不能影響你的日常生活開銷。

舉例來說，假設你的月薪是四萬，但生活必需開支是兩萬，扣除其他必要花費後，你可以思考每個月有多少剩餘資金可以合理地投入新的收入計畫。這樣一來，你既能有計畫的進行資金分配，又不會給自己帶來額外的財務壓力。

接下來，我們會通過幾個問題來幫助你計算可動用資金。這筆資金包含你已經擁有的「現金資產」以及每個月可以靈活運用的「現金流資產」。

請思考以下問題，並且把你的答案寫下來

Q1：你的現金資產有多少？

計算公式是：

現金存款（活存＋定存）－緊急備用金－已經計畫有用途的資金＝**現金資產**

PS. 如果定存無法動用，就直接填入活存金額即可。

Q2：你的現金流資產有多少？

計算公式是：

每月固定收入－固定生活開銷－其他開銷＝**現金流資產**

PS. 如果你的收入跟開銷都不太一定，可以抓一個平均值，也可以抓得更保守一點，例如收入就用每月最低收入來計算，而開銷可以用每月最高開銷來計算。

Q3：你的現金資產和現金流資產分別有多少？

列出上面兩個計算結果。

盤點項目五：時間

在打造額外收入的過程中，時間是一個非常關鍵的因素。我們將透過問答的方式，幫助你盤點目前可以投入的時間。許多人常常覺得自己非常忙碌，工作要加班，假日還要帶小孩，似乎完全沒有時間進行新的收入項目。然而，請記住，收入不會憑空出現，當你釐清每天的時間安排時，會發現自己其實還有不少時間可以用來開創新的收入來源。

相對的，也有一些人可能對自己能投入的時間過於樂觀，但實際上卻很難撥出那麼多時間來執行。除了新的賺錢項目，你還需要兼顧正職工作、生活日常，並考慮休閒娛樂或突發狀況。因此，**對自己的時間進行客觀評估非常重要，這樣才能避免因為延誤計畫而影響打造多元收入的信心。**

舉例來說，如果你的正職工作經常需要加班，而你暫時無法改變這個狀況，那就需要現實地評估每天究竟有多少時間可以投到這個額外的賺錢項目中。至於是否要犧牲睡眠來工作呢？這並不是長久之計，除非你有非常強烈的決心。其實，即使每天只能挪出 30 分鐘，一個月下來也有 900 分鐘，相當於 15 個小時！這樣的時間投入其實可以逐步產生成果了，不是嗎？然而，很多人會把這短暫的 30 分鐘用來滑手機，這就是為什麼要時刻提醒自己**額外收入不會憑空出現，行動才是關鍵！**

下面兩個問題幫助你盤點平日和假日的時間，也就是你可以打造額外收入的總時間。

請思考以下問題，並且把你的答案寫下來

Q1：你平日每天下班回到家的時間，扣除吃飯、洗澡、休息、陪家人小孩等，有多少時間是屬於自己的？

我們主張在賺錢和生活之間取得平衡，因為賺錢並不是人生中唯一重要的事情。雖然要做到完全的工作與生活平衡並不容易，但還是建議你合理分配時間給每一個重要的領域。同時，如果某個項目需要大幅改變你的生活作息，執行起來也會變得更加困難。因此，這裡有一個思考方向：你可以回想一下，現在下班回家後，通常幾點會開始滑手機或看電視（簡稱耍廢）？這段時間距離你睡覺還有多久？你願意在這段時間裡撥出多少時間來投入創造額外的收入來源呢？

這樣你就可以在不影響生活品質的前提下，逐步建立更多

收入機會，讓工作與生活都能和諧發展。

Q2：假日的時間扣除吃飯、洗澡、休息、陪家人小孩，以及休閒娛樂活動，有多少時間是屬於自己的？也就是你可以做自己想做的事的時間？

你自己可以決定你自己的時間要花在哪裡。

Q3：你每週合計共有多少時間可以打造新的收入管道？（Q1 ＋ Q2 的時間）

總結前兩個問題盤點出來的時間。

盤點項目六：人脈資源

大多數人都沒想過自己的人脈可能隱藏著許多資源，而這些資源很可能是幫你取得成功的重要優勢。好的關係網絡可以幫助你拓展業務、引薦合作夥伴，甚至帶你了解行業內的最新趨勢，因此人脈也是需要盤點的重要項目。

後面的問答可以幫助你整理出最先想到的家人、朋友、同學，還有一起健身、露營或玩遊戲的朋友，甚至是工作中認識的同事、客戶及合作廠商。你可以為每個類別列出十個名字，這樣更容易梳理出潛在的資源。

在盤點人脈時，有幾點需要特別注意：首先，這些人必須是你「最先想到」的，因為最先想到的人通常是你接觸最頻繁的，代表你們之間已有一定的信任基礎。將親友與工作相關人脈分開盤點的原因在於，**工作上的人脈有可能讓你的新項目與現有工作形成聯繫，從而產生更多的機會**。

此外，這些人脈**需要具備一定的熟悉度和信任感**。若未來你需要與他們合作，你必須對彼此的信任有足夠的信心。要判斷某人是否值得信賴，可以回顧你們以往的互動經驗，例如：對方是否守時？答應的事情是否履行？遇到問題時是否會推卸責任？或者也可以參考其他人的評價。如果許多人對此人有負面評價，儘管他可能不至於不好，但仍可能存在合作上的風險。由於這是我們未來可能合作的夥伴，所以篩選人脈時需要謹慎。如果你不確定某個人是否值得信任，建議暫時不要將他列入人脈資源，不夠熟悉的話很難做出準確的判斷。

值得一提的是，人脈資源雖然能加分，但它並非必需條件，這也是為什麼我們將它放在最後進行盤點。即便你現在覺得人脈不多，也毋須擔心，因為前面盤點的其他資源已經足夠幫助你找到適合自己、能夠發揮優勢的收入來源了。

請思考「你最先想到的 10 位家人／朋友」及問題，並且把你的答案寫下來

Q1：你最先想到的 10 位家人／朋友是誰？（可能是最親近或最常互動的）

範例 小 M 的回答：

Lily：我的大學好友

Michael：我的表哥

Q2：他們的職業分別是什麼呢？

範例 小 M 的回答：

Lily：她是一名數據分析師，目前在一家科技公司工作。

Michael：他是一位自由接案的攝影師，專長是婚禮和活動攝影。

Q3：他們的能力與專長分別是什麼呢？

範例 小 M 的回答：

Lily：她擅長數據分析、報告撰寫及統計模型的應用。她

對數據的洞察力非常強，尤其是在解讀市場趨勢和用數據支持決策方面。

Michael：他精通攝影技術，包括構圖、光線控制和後期製作。此外，他的客戶關係管理也很出色，總能夠與客戶維持良好的溝通並提供高質量的服務。

Q4：他們的興趣分別是什麼呢？

範例 小 M 的回答：

Lily：她喜歡閱讀，尤其是科幻小說，還有健身，特別是瑜伽。她也對數位營銷有一定的興趣，最近開始學習如何優化個人品牌。

Michael：他對攝影和電影非常熱中，閒暇時喜歡看電影並從中學習新的拍攝技巧。他還熱愛旅行，經常在不同城市捕捉當地的風景與文化。

Q5：當你想到他們的時候，有沒有什麼他們身上的資源是前面沒提到的呢？

範例 小 M 的回答：

Lily：她的公司經常需要分析新的市場趨勢，這讓她接觸到了許多行業內的專家和報告資料。如果我未來需要進行市場研究或分析行業趨勢，她可以幫我引薦專業的數據來源，或者提供一些最新的報告和洞察。

Michael：他與許多活動策畫人和婚禮籌辦者保持良好的合作關係，如果我有需要擴展人脈或與這些行業的人合作，他可以幫我介紹相關的專業人士，這對我的業務拓展非常有幫助。

請思考「你最先想到的 10 位客戶／工作上認識的人」及問題，並且把你的答案寫下來

PS. 如果你想要做的賺錢點子跟主業有關，客戶跟工作上所結交的人脈就很有可能可以提供協助。

Q1：你最先想到的 10 位客戶 / 工作上認識的人是誰？（可能是你現在工作接觸的，也可能是你過往工作接觸但仍保持聯絡的）

範例 小 M 的回答：

Sarah：一位過去的客戶，曾與我合作行銷項目

David：我現任公司的合作夥伴，負責品牌戰略諮詢

Q2：他們的職業分別是什麼呢？

範例 小 M 的回答：

Sarah：她是一名行銷總監，目前在一家快速消費品公司工作，負責該品牌的全球行銷策略。

David：他是品牌戰略顧問，專注於幫助新創企業制定市場進入策略，特別是在科技和金融領域。

Q3：他們的能力與專長分別是什麼呢？

範例 小 M 的回答：

Sarah：她擅長品牌行銷、社群媒體管理和數據驅動的行銷策略。她的最大優勢是能在短時間內制定高效的行銷活動，並精確追蹤活動的效果和回報率。

David：他擅長品牌定位、競爭對手分析和市場進入策略。他有非常強的洞察力，能夠發現市場機會，並協助企業利用這些機會迅速成長。

Q4：他們的興趣分別是什麼呢？

範例 小 M 的回答：

Sarah：她熱愛烹飪和旅遊，經常在工作之餘探索各國的美食文化。她也是一名美食博主，會在社群平台上分享她的烹飪心得和旅遊經驗。

David：他對創新技術非常感興趣，特別是區塊鏈和 AI 領域。他也熱愛閱讀，尤其喜歡商業類書籍和科幻小說。

Q5：當你想到他們的時候，有沒有什麼他們身上的資源是前面沒有提到的呢？

範例 小 M 的回答：

Sarah：除了她的行銷專業外，Sarah 在行業內擁有非常廣泛的人脈，尤其是快速消費品領域的高層管理人員。她可以幫我聯繫到更多行業內的專家或合作夥伴，並且提供有價值的市場趨勢和消費者洞察報告。

David：他與許多新創企業和風投機構有密切聯繫，這讓他擁有豐富的資金和投資資源。如果我有新的商業點子，他可以幫助我找到合適的投資者或合作夥伴，並且協助我拓展業務。

閱讀到這裡，先恭喜你盤點出自己的資源了，我們在前面用了大量的問題來協助你思考及回顧一些你人生中發生的事件，或是你自己本身擁有的經驗與能力等。

而在每個盤點項目中，你可以列出一些關鍵字，這

些關鍵字可能是某個行為、產業、職稱、某項能力，或是你感興趣的事物。（詳細實作請參考後面 077 頁〈整理資源關鍵字〉）

例如：

行為：登山、學習、追劇、攝影、投資理財、旅行、烹飪、園藝、運動健身等。

產業：電商、物流、活動公司、理專、會計、設計、餐飲、房地產等。

職稱：顧問、美編、工程師、HR、客服、社工、專案經理等。

能力：溝通能力、問題解決能力、領導能力、銷售能力、寫作能力、時間管理能力等。

常見的三種產品型式

在開始發想自己的賺錢點子之前，我們要先帶你了解常見的三種產品型式，雖然現在市場上有的服務與產品琳瑯滿目，但其實都不超出這三大類，當你了解這三種產品型式之後，在發想賺錢點子時，就可以結合剛剛整理出來的關鍵字以這三種型式去思考，你會清楚知道自己的賺錢點子可以變現的產品或服務項目是什麼！

當我們談到產品型式時，通常可以分為三大類：實體產品、虛擬型產品和服務型產品。這三種型式各有不同的特性和優勢。以下是對這些產品型式的詳細解釋，幫助你更好的理解它們。

1. 實體產品

實體產品就是我們日常生活中可以看到、觸摸到的物品。這些產品需要透過材料製作或批量生產，並且通常會涉及到一定的生產成本。例如，你可能需要購買原材料來製作手工餅乾，或者採購成品如衣服、帽子，然後再通過零售或批發的方式銷售給客戶。實體產品的特點是每次銷售的都是具體的物品，同時還要考慮到，這些物品需要庫存管理和物流配送。

舉例說明：

手工餅乾：你需要購買原材料（如麵粉、糖、巧克力），然後進行製作，最後包裝出售。

衣服、帽子：你可能從批發商那裡購買大量產品，然後在自己的商店或網路平台銷售給消費者。

這類產品的優點是客戶能夠立即看到和感受到產品的價值，而挑戰在於生產和儲存成本，以及如何有效地管理庫存和物流。

2. 虛擬型產品

虛擬型產品是指那些不存在於物理世界的產品。這些產品通常只需投入時間和技術成本，沒有庫存的壓力。這種產品型式的優勢在於一旦開發完成，就可以無限次地銷售，而毋須追加生產成本。虛擬產品可以將你的專業知識打包成一個規格化的產品，適合一對多或長期銷售。

舉例說明：

線上課程：你可以錄製課程視頻，並將它們上傳到網絡平台，供客戶購買和學習。每個購買課程的客戶得到的內容都是相同的。

設計模板：你可以設計一些範本（如簡報模板、網站布局模板），這些模板可以被無數次下載和使用，而毋須進行額外的製作。

這類產品的主要挑戰在於需要花時間和精力來製作高質量的內容，但一完成後，即可持續帶來收入，而且不需要管理實體庫存。

3. 服務型產品

服務型產品與實體和虛擬產品不同，它更注重提供客製化服務，通常是針對特定客戶的需求進行量身定制。這類產品可以分為接案型式和顧問型式。

舉例說明：

職涯顧問：你可能會與客戶一對一地合作，根據他們的職業發展需求提供建議和指導，每個客戶得到的服務都是獨一無二的。

攝影師：根據客戶的需求，你可能會為他們拍攝特定風格的照片，這些照片是專門為該客戶提供的。

服務型產品的優點在於能夠根據客戶的具體需求提供高度個性化的體驗，而挑戰在於這些服務通常需要你投入大量的時間和精力，並且難以批量化或自動化。

總的來說，這三種產品型式各有其適用的市場和客群。實體產品強調的是可見性和實用性；虛擬產品則著重於可複製性和低成本；服務型產品則以客製化和專業化為核心。理解這三種不同產品的特性能幫助你根據自己的優勢和市場需求選擇最適合的賺錢點子。

整理資源關鍵字

了解三種產品型式，接下來要先來整理你的關鍵字，並且開始發想屬於你的賺錢點子囉。

稍早我們在六大項盤點資源裡，已請你先整理出屬於自己的關鍵字了，現在要將這份表格中的關鍵字整理得更完整，並且將這些關鍵字填入下面這個表格（step 1）時會更明確、一目了然。

1. 整理關鍵字

整理你每個盤點項目中的關鍵字（見表格 step 1），這些關鍵字可能是某個行為、產業、職稱、某項能力，或是你感興趣的事物。

2. 挑選關鍵字的步驟

從剛剛整理的所有關鍵字中，選出八個填到「入選關鍵字」表格（見表格 step 2）；超過八個的其他關鍵字，填到「備選關鍵字」表格，而篩選的依據就是：

Step 1：整理所有關鍵字

興趣
天賦
技能與專長
可用資金和時間
資金： 時間：
人脈

a. 比較喜歡、比較有感覺

b. 如果有來自不同盤點項目的重複關鍵字，也可以寫下來，代表你有重複的資源，例如，我的興趣有學習財商知識、技能，以及專長有投資理財能力。這兩個雖然是來自不同的盤點項目，但是關鍵字都是投資理財，而且代表著我感興趣也有能力的關鍵字。

3. 把關鍵字填入曼陀羅發想九宮格

這裡使用的是「曼陀羅九宮格發想法」來發想你的

Step 2：篩選關鍵字

篩選依據：

a. 比較喜歡、比較有感覺

b. 如果有重複的關鍵字，就代表有重複的資源。若有無法選入的關鍵字，可填入備選關鍵字

入選關鍵字							

備選關鍵字							

賺錢點子，這個方法會用到名為「曼陀羅九宮格」的工具，它是讓你從現在已經有的關鍵字去聯想，來激發創意的思考工具，這款工具的好處就是藉由固定的格子數，幫助我們想出某個數量的點子。

a. 首先，表格的正中央就是我們使用這個曼陀羅發想法的主題，也就是賺錢點子。

b. 賺錢點子周圍的黃色格子，就是需要你填入表格

Step 2 盤點出來的八個入選關鍵字。

c. 接著再把這八格黃色關鍵字，寫到鄰近該關鍵字的八個九宮格中央，也就是藍色格子。

曼陀羅九宮格發想法

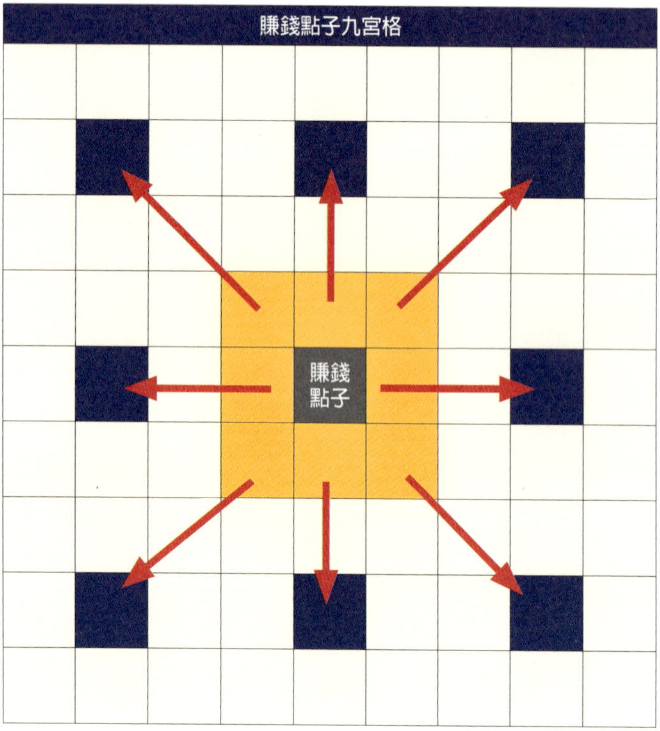

4. 發想賺錢點子

填寫時需根據每個關鍵字發想賺錢點子，並完成每一個關鍵字的九宮格（也就是關鍵字鄰近的八格），如果想填寫的關鍵字超過八個，也就是超過八個賺錢點子，可以把多出來的記錄到備選賺錢點子的表格。

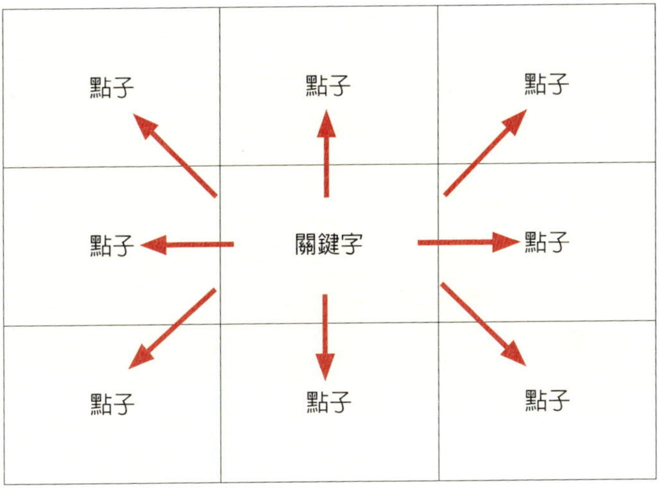

詳細的填寫範例，請參考下頁表——Wayne 的例子。

範例：Wayne 的例子

Wayne 的曼陀羅九宮格發想賺錢點子								
	業配	團購	求生欲課程	文案	產品介紹寫手	遊艇PARTY企畫	球賽企畫	活動布置
	自媒體	線上課程		寫手	自媒體經營	求婚活動、婚禮	活動企畫	精品發表活動
	成立品牌	自有產品		脫口秀寫手	作家	表演團體經紀	私人聚會PARTY	VIP活動
代銷	包租公	線上課程	自媒體	寫手	活動企畫		酒吧	啤酒機
隔套	房地產	二房東	房地產	賺錢點子	酒		酒	紅酒代理
	老屋翻新	包租代管	海洋產業	食品、日用品廠商	大圖輸出廠商		酒團購	品酒文分享
	遊艇租賃	潛水產業	香氛	果乾	保久乳	衣服訂製	帽子訂購	明信片
	海洋產業	海釣產業	清潔用品	食品、日用品廠商	肉乾	團體服飾	大圖輸出、團體制服	筆記本
遊艇租賃轉介紹	滑水	SUP	食品團購	進口餅乾	本土餅乾	雜百分	保養品	無框畫

發想賺錢點子的五大方法

當你填寫好 8 個黃色格子中的關鍵字之後，接著要針對這些關鍵字來發想相關的賺錢點子囉。你可以嘗試以下五種方法來激發靈感：

1. **關鍵字直覺聯想**：想到什麼都寫下來！只要你知道有人已經透過這個點子賺錢，就值得記錄。如果你想到的是非常創新的點子，目前還沒有人在做，也可以先列出來，後續再進行評估和篩選。

2. **關鍵字搭配與延伸**：看看關鍵字之間能否互相搭配，進一步延伸出新的賺錢點子。例如，Wayne 的曼陀羅發想表格中有「遊艇」和「活動企畫」這兩個關鍵字，這就可以發展出一個新的賺錢點子——遊艇 PARTY 企畫。

3. **關鍵字 × 三種產品型式**：結合三種不同的產品型式來創造賺錢點子。例如，如果你的關鍵字是「料理」，可以這樣結合：

- 實體產品：調理包、料理書、料理工具等。
- 虛擬型產品：料理線上課程、食譜電子書。
- 服務型產品：到府私廚、餐飲顧問等。

4. **利用外包平台尋找靈感**：在 Tasker 出任務、Pro360 外包網、接案社群等平台上輸入關鍵字，看看有什麼靈感。這些平台上的項目通常已經有市場需求。舉例來說，輸入「攝影」，你可能會發現很多攝影類別，如人像攝影、親子攝影、寵物攝影、產品攝影、活動攝影、平面攝影等，這些都是潛在的賺錢點子。

5. **使用 AI 工具尋找點子**：現在有了非常好用的 AI 工具，例如 ChatGPT，你可以透過詢問 ChatGPT 來獲取更多賺錢點子和建議。我們在這裡特別列出六種發問法，讓你可以透過 AI 產生更多面向的賺錢靈感。

透過向 AI 提問激發賺錢點子

A. 軟實力發想問法：

舉例：如果我是滿會溝通的人，也善於傾聽別人，我想要藉此軟實力來發展副業，請問我有哪些副業選擇呢？

ChatGpt 的回覆，可以輔助我們發現很多自己想不到的賺錢機會，像是：

1. **生涯諮詢或教練**：提供個人發展、職業規畫或業務發展方面的諮詢服務，你可以幫助客戶設定目標、克服挑戰、提高自我認識。

2. **虛擬助理**：為忙碌的專業人士或小企業主提供管理日常任務的服務，如電子郵件管理、日程安排、客戶服務等。你的溝通和傾聽技巧可以讓你更好的理解並滿足客戶的需求。

3. **客戶支持顧問**：提供遠程客戶支持服務給需要協助處理客戶諮詢和投訴的公司。這個角色需要優秀的溝通和解決問題的技巧。 4. **社群經理**：管理品牌的社群媒體帳號，包含發布內容、互動回應和建立社群參與度。這需要極佳的溝通技巧來有效與社群成員互動。
B. 針對三種不同形式產品的問法： 舉例：如果我的興趣是旅遊，請問針對實體產品、虛擬型產品、服務型產品，我可以發展出哪些賺錢點子呢？
C. 一個技能 x 不同產業的問法： 舉例：如果我有寫文案的能力，請問針對不同的產業，我可以有哪些賺錢點子選擇呢？
D. 一個技能 x 不同對象的問法： 舉例：如果我有護理師的技能，針對各種不同需求的對象，我可以發展出哪些額外賺錢的方式呢？
E. 產業 x 不同角色的問法： 舉例：如果我對潛水這個產業非常有興趣，請問針對潛水這個產業，我有哪些不同的賺錢方式可以做選擇呢？
F. 技能 x 興趣的問法： 舉例：如果我有設計的技能，然後我的興趣是旅遊，請問我可以根據我的技能與興趣發展出哪些賺錢點子呢？

如果你透過以上方式仍無法為某些關鍵字找到賺錢點子，還可以嘗試替換其他關鍵字。若是沒有備選關鍵字，或是九宮格真的填不滿，也不必擔心，因為你已經比原來的自己產出更多想法了。填不滿的原因可能是因為這個關鍵字相較其他的，對你來說吸引力不大，因此也毋須勉強填滿。也或許是你對這個方向的市場潛力或運作模式不夠了解，所以這類點子自然就不適合你了。

有時，你可能會發現透過不同關鍵字產出的點子有重複的情況，這完全沒關係。可以回頭檢查這些關鍵字是否來自同一個盤點項目。如果它們來自不同的盤點項目，那麼這個賺錢點子是多個資源的交集，表示它是一個對你來說相對容易執行的選擇。

接下來，你可以將這些點子標記起來，並在後續章節中優先進行評估。舉例來說，Wayne 在發想「自媒體」這個關鍵字時，想到了一個「團購」的點子，隨後在「人脈」盤點中聯想到食品團購，而在「興趣」盤點中，他對「酒」的興趣再讓他聯想到酒類團購。這說明，如果他選擇從團購開始，成功的機會會更高。因為他不需要從零起步，可借助人脈的力量，也有機會將興趣結合進來。

發想賺錢點子的六個常見盲點和誤區

了解發想賺錢點子的過程後，接著要來介紹一些常見的盲點與誤區，幫助你進一步優化你的想法。

迷思 1：覺得對關鍵字領域接觸的東西太少，發想點子的靈感有限，無法跳脫思考框架，怎麼辦？

如果你覺得在某個領域的經驗有限，導致靈感匱乏、無法產出具體點子，這其實是很多人常遇到的情況。首先，你可以利用各種工具來幫助擴展思維範圍，你可以利用稍早提到的 Google 搜尋、外包網站、ChatGPT 等工具，輸入關鍵字來發現許多相關的賺錢點子。如果到這裡你還是感到困惑，我們建議你回顧一下 ChatGPT 的提問方法，多練習不同的提問技巧，這樣可以獲得更多靈感和創新點子。

迷思 2：發想副業點子時發現自己對於這個領域很不熟悉，不知道這樣還需要繼續發想嗎？

現在還處於發想階段，因此可以盡情地探索各種賺錢點子。但如果你即使使用了各種網路工具後，還是發現自己無法產生很多點子，也不必擔心。這說明你對這個領域可能還不夠熟悉。如果強迫自己發想，最終這些點子也可能在後面的評分機制中被篩選掉，因此，它們可能並不是你優先考慮的賺錢選擇。

迷思 3：我的關鍵字是軟實力，例如：記憶力、積極正向等，但是這個我就不太知道如何發想成賺錢點子。

其實，許多賺錢點子的競爭力來自於軟實力，例如顧問、寵物溝通師、療癒師等，對這些軟實力的需求尤其高。比如，這類點子特別依賴溝通能力。因此，在發想與軟實力相關的賺錢點子時，建議將軟實力與其他關鍵字（如天賦、專長、興趣等）結合，並使用 ChatGPT 來幫助發想。你可以回顧軟實力發想的提問方式，尋找更多的靈感。

迷思 4：我在發想賺錢點子時，會一直覺得自己的技能與專業度還不夠……

這裡分享一個 Selena 的案例：當初我剛開始做 YouTube 時，只是一個對投資理財完全陌生的新手。我所做的，就是把自己學習到的知識分享在 YouTube 上，而我的目標受眾是那些對投資理財毫無概念的人。當時的我，無論在技能還是專業知識上，都無法與那些資深的投資專家相比，卻有許多人從我的分享中受益匪淺。

最近，我也開始嘗試新的領域，專注於育兒正向教育和蒙特梭利教養。雖然我的專業度遠不及兒科醫師或教養專家，但我依然將所學的內容分享出去，並且收到了非常正面的回饋。

我想強調的是，不要因為目前的專業度不夠而猶豫不前。如果我們將技能滿分設為 10 分，即使你現在只有 3 分，你依然可以幫助那些在 0 ～ 2 分之間的人。而當你的技能提升到 6 分時，你就能幫助更多 0 ～ 5 分的人。很多時候，人們會認為自己的能力還不夠，但重點是你是否願意邁出第一步，而不是等到覺得完全準備好才開始。

每個人都有自己獨特的風格和特色，你的分享方式和個人魅力也會吸引到特定的受眾。總有一群人會因為你的真實和專注而被吸引，並且需要你所提供的幫助。

迷思 5：發想出來的點子同質性高，例如：「藝術」聯想到無框畫、插畫美編、簡報設計，都是類似美編，這

樣能算是三種賺錢點子嗎？

這確實是三種不同的點子，因為它們針對的客群和受眾各不相同。比如，無框畫可能吸引的是想要送禮的人或親子家庭；插畫美編則可能是針對作家；而簡報設計則主要面向企業主或新創公司。所以，如果客群不同，就代表這些點子是各自獨立的。

迷思 6：在發想賺錢點子的時候，都只能想到自媒體相關，如：YouTuber、Podcaster、部落客等，而且感覺變現會很慢，該怎麼辦？

在構思新的收入來源時，我們需要先考慮背後的產品或服務是什麼。像 YouTuber、Podcaster、部落客這些角色，其實更像是一種行銷方式或管道，而不是具體的收入來源模式。因此，在選擇這些平台之前，關鍵是要先確定如何將內容變現。

雖然依靠流量來接業配或賺取廣告收入是一條路徑，但這種模式的流量累積往往較慢，變現之前你可能會因為長時間沒有收入感到挫折，甚至選擇放棄。更重要的是，業配和廣告收入的穩定性不高，你無法完全掌控收入的頻率與金額。例如，我們最近有一位頗具知名度的

KOL 朋友表示，他不再想以業配作為主要收入來源，因為這種賺錢方式速度慢且不穩定。既然連擁有大量粉絲的網紅都有這種困擾，對於剛開始探索收入機會的人來說，將業配和廣告收入作為主要目標更加不切實際了。

因此，我們建議，不要將成為 YouTuber、Podcaster、部落客本身當作收入模式，而是將這些平台視為推廣或行銷的工具。此外，你的收入模式也不必完全依賴自媒體來實現行銷效果。我們之前看過很多案例，儘管沒有使用社群行銷，依然成功地建立了自己的收入來源。我們會在 Chapter 5 深入探討不同的行銷模式。

總之，不要被社群媒體的框架所限制，重點是找到適合你自己的變現策略，並且專注於提供有價值的產品或服務。

曼陀羅九宮格賺錢點子發想實例解析

這裡列出兩個實際例子，幫助大家更清楚如何透過填入自己的興趣和才能關鍵字，找到適合你自己的賺錢點子。

個案 A

個案 A 的曼陀羅九宮格發想賺錢點子								
組旅遊自由行行程銷售	行程規畫師	英文兼職導遊	圖片 IP 銷售	製作產品介紹、目錄	剪片兼職	理財開課	信用卡／數位帳戶優惠部落格廣告流量	信用卡介紹申辦回饋
架設旅遊產品相關產品銷售	旅行	旅遊部落格分享聯盟行銷	拍大頭照、形象照	攝影拍照	商品拍照接案	個人理財顧問	理財投資	開發理財商品 app 經營會員
出旅遊電子書	YT 分享	團購飯店、餐券	IG 分享照片吸引商業合作	短影片製作	接案外拍	兼職賣保險	寫理財經驗部落格流量	個人信貸顧問
換匯服務	支付新會員介紹回饋	金融法規顧問	旅行	攝影拍照	理財投資	新創公司輔導顧問	個人職涯顧問	金融業 interview 顧問（陪練）
支付、換匯優惠部落格	金流支付	網路支付安全顧問	問題解決能力	賺錢點子	顧問	代寫政府補助案	顧問	獵人頭兼職
跨國支付／收款顧問	金流支付課程	企業金流支付申請顧問	電商	房地產	產品經營	新產品市場性／定位評估	企業講師	留學代辦顧問
自架網站販售商品	電商代營運接案	英、馬、陸國家代購	房屋整修工班介紹	看房部落格	兼職做房屋銷售	產品規畫接案	產品專案管理接案	會員、用戶增長經營接案
代架站盤商	電商	學霸商品蝦皮銷售	隔套二房東	房地產	包租代管	社群經營代操	產品經營	資料分析接案
產品攝影和製作	電商課程開課	電商開店顧問	房屋產品分析銷售	房屋貸款顧問	想買房給名單房屋仲介抽佣	新產品測試及試銷	新產品上市講師	產品銷售（實體、線上）通路顧問

這個案例的關鍵字包括旅行、攝影、理財投資、顧問、產品經營、房地產、電商、金流支付等，這些都是從他的興趣、專長和過往工作經驗中提取出來的資源。

以「旅行」這個關鍵字為例，他運用了「關鍵字×三種產品型式」的方法來進行創意發想：

實體產品：旅遊相關商品的銷售，例如有行李箱、旅行配件等。

服務型產品：提供行程規畫、私人英文導遊服務等。

虛擬產品：製作旅遊相關的電子書、銷售旅遊行程規畫方案等。

值得注意的是他的旅遊部落格。他計畫透過聯盟行銷來賺取收入，這意味著他會在部落格中推廣相關的票券或旅遊行程，並透過讀者經由連結網址購買行程來獲取收益，這樣才構成了一個完整的賺錢模式。

許多人想到「旅行」這個關鍵字時，往往會聯想到在YouTube 上分享 VLOG 作為收入來源。然而，僅僅記錄旅遊經歷的影片，特別是在當前競爭激烈的內容環境中，可能會面臨觀看人數不多、廣告收入有限的問題。但如果你在影片中加入行動引導，例如：「如果對這次的飯店或行程有興趣，請點擊下方連結享受專屬優惠」，即使觀看人數有限，也能透過少數點擊和購買來開始變現。

這樣的作法不僅讓你的收入模式更完整，也能更快實現變現的目標，從而讓這個點子更具可行性與效益。

個案 B

B 案例的關鍵字包括婚禮產業、選物、身心健康、活動設計、資料整理、比價、旅遊，以及環境友善等，這些都是從他的興趣與過往經驗中提取出來的。

「婚禮產業」這個關鍵字源於他剛辦完自己婚禮的經歷，過程中他發現籌備婚禮非常有趣，並因此開始思考如何將這一經驗轉化為一項與婚禮相關的收入來源。

值得一提的是，主人翁是在美術館工作，因而構思出了一個獨特的收入點子——美術館婚禮規畫。這個點子巧妙結合了他的興趣與現有的工作資源，不僅新穎，而且具有很大的發展潛力。將婚禮舉辦與美術館的文化氛圍結合，能為新人提供獨樹一格的婚禮體驗，是一個非常有潛力且與眾不同的創新想法。

個案 B 的曼陀羅九宮格發想賺錢點子

婚禮實用知識／資源電子書	美術館婚禮規畫	製作婚禮風格 App	選物個人品牌	個人購物代理	中大尺碼穿搭選物	★心旅行規畫	健身團練課（團購）	★健身周邊商品／食品團購
婚禮策畫師	婚禮產業	婚禮個人品牌（自媒體）	年節創意客製禮盒	選物（質感特色商品）	高齡生活選物	★藝術療癒工作坊課程	身心健康	SPA 課程團購
婚禮布置	★婚禮風格小物（客製）販售	★婚禮市集籌辦	軟裝布置規畫	風格選物平台建置	藝術文創商品聯名開發	療癒師	心靈小語短影音	健康講座
★試用包／即期商品經濟	★環保婚禮廠商媒合	社區型無包裝商店	婚禮產業	選物（質感特色商品）	身心健康	★婚禮派對活動規畫	★餐廳體驗團購社團	親子 DIY 手作材料包規畫
★剩食經濟商品販售	環境友善／永續	綠色生活講座	環境友善／永續	賺錢點子	活動設計發想	博物館教育探索學習單設計	活動設計發想	★綠色飲食體驗活動規畫
★低碳旅遊規畫	★二手市集籌辦	★綠色產品選物銷售	（日本）旅遊	比價	資料整理	活動場地媒合平台	企業共識營規畫	品牌創意行銷活動規畫
★交通票券、限定商品代預購	博物館／美術館主題旅遊規畫	★海外婚禮／婚紗拍攝	★機票清倉優惠社團	★地區商家／商店街優惠訊息小冊	★信用卡優惠資訊整理更新分享	整理師	整理收納小物團購	★食材收納小物團購
私房／冷門景點旅遊規畫	（日本）旅遊	慶典／季節限定主題旅遊規畫	國外商品團購	比價	優惠券／代碼交易平台	行業觀察研究報告	資料整理	Excel 或 Word 情境教學短影音
旅遊體驗經驗分享文投稿	孝親／長輩旅遊規畫	文化體驗旅遊規畫	社區團購	代購	聯盟行銷	市場趨勢研究報告	社交媒體管理（社群小編）	資訊視覺圖表製作

Chapter 2

找出高成功率賺錢點子，走向成功之路！

在完成賺錢點子的發想之後，接下來要進行第二步驟——「策略性」篩選。為什麼這麼做？因為我們要從這64個點子中（如果你填滿了的話），找出一個在現階段對你來說成功率最高的點子！

你一定聽過這句話：「站在風口上的豬也能飛。」意思是選對了趨勢，成功的機率會大幅提升。最明顯的例子就是 YouTuber，當 YouTube 剛興起時，人人都有流量紅利，成功的機會很大。但如果你現在才要起步，肯定會比幾年前就已投入的人更加艱難。

同樣道理，在尋找額外收入來源的過程中，我們希望你能找到屬於自己的「風口」。這裡最強的風，不是外在的趨勢，而是你內在的驅動力。即使一個領域再熱門，如果缺乏內在動力，成功的機會依然渺茫。例如，大家都知道 AI 是當下的大趨勢，但如果你對 AI 一竅不通，貿然進入這個領域，失敗的風險很高。（當然，若你擁有足夠的資源來合作，或具備其他有助於這個領域的技能，這就是另一回事了。）

因此，在這個章節中，我們將從你的專長、資源和興趣出發，篩選出那些你最擅長、最有把握的賺錢點子，找到最適合你的方向。這個過程不應該僅僅依賴「我朋友靠這個賺了很多錢」或「這是市場上的熱門趨勢」來判斷。選擇最符合你自身條件的賽道，才是成功的關鍵。

選定高成功率賺錢點子的重要心法與觀念

在挑選第二或多元收入賺錢點子時，有三個關鍵心法可以幫助你做出更明智的選擇，這三大核心原則是：能力與資源最大化、可持續性，以及行動導向。

1. 能力與資源最大化

在挑選賺錢點子時，首先要考慮如何最大化利用你的個人能力與現有資源。這意味著你要選擇那些能充分發揮你已有的專業知識、技能、人脈和資源的點子，而不是進入全新的領域或需要過多的額外投入。這樣做不僅能降低風險和成本，還能提高成功的機率，因為你是在自己熟悉的範圍內進行運作。

舉例①

如果你有設計背景，選擇與設計相關的項目，像是開發設計模板或提供設計諮詢服務，就能讓你的專業知識得到充分發揮。比如：

Jane 是一位平面設計師。她一直都在廣告公司工作，後來決定利用自己的設計專長，開發一系列社交媒體模板，並將它們上架到一個數位下載平台。由於這些模板設計簡潔、實用，吸引不少小型企業和自媒體創作者購買，Jane 不僅擴展了她的收入來源，還讓她的設計能力被更多人看到。

舉例②

如果你擁有豐富的人脈資源，可以考慮一個需要大量人際互動的點子，或利用你已經認識的廠商或合作夥伴，快速展開運作，這樣能讓你的資源產生更大的效益。比如：

Mark 在電子商務領域擁有多年的經驗，並且與許多供應商和物流公司有良好的合作關係。他決定利用這些人

脈，開展一個專門銷售環保家居用品的線上平台。憑藉他過去積累的合作夥伴，Mark 迅速找到合適的供應商並優化物流運營，讓他的電商平台得以快速上線。

2. 可持續性

在挑選賺錢點子時，考慮是否能夠持續發展至關重要。這不僅包括這個項目本身是不是能長期運作，還涉及你能不能長期投入其中。選擇一個與你生活節奏契合的項目，能顯著提升你保持動力和持續投入的可能性。這樣的項目可讓你在低壓力下穩定進行，並有機會帶來穩定的收入，同時還可以在過程中讓你獲得滿足感和成就感。

舉例①

如果你是一位全職媽媽，可以選擇一個靈活性高的收入來源，最好能與你身為媽媽的角色相結合。比如：

Sophie 是一位全職媽媽，她熱愛烘焙，於是她開始在家經營親子烘焙教學課程。這樣她不僅能夠靈活安排時間，也能與其他媽媽們分享烘焙的樂趣。Sophie 的這個項目與她的生活無縫融合，讓她能在照顧孩子的同時，獲得收入和成就感。

舉例②

如果你對某個領域特別感興趣，並且經常在生活中進行相關活動，那麼選擇與這個領域相關的項目能讓你在追隨興趣的同時，創造額外價值。比如：

David 對攝影充滿熱情，閒暇時他總是拿著相機到處拍照。他發現很多朋友會向他請教拍攝技巧，於是開始提供攝影工作坊和線上課程。這讓 David 在不改變生活方式的前提下，將他的興趣轉化為收入來源。

3. 行動導向（最有動力）

在選擇賺錢點子時，高度行動力是一個關鍵的考量因素。選擇一個讓你感到最有動力、最容易上手，並且能迅速採取行動的項目，將有助於你更快啟動。行動導向的思維強調的是在實踐中快速獲取經驗和反饋，而不是在過度分析和猶豫中錯失機會。當你對某個點子充滿熱情時，行動起來會更加順暢，也更容易取得成功。

Alex 對健身充滿熱情，經常研究運動科學和飲食營養。他開始為周圍的朋友設計健身計畫，並很快意識到自己可以將這一興趣變成一個收入來源。Alex 開始提供一對一的健身諮詢服務。憑藉對健身的熱情和行動力，他短時間內就累積了一些客戶，讓他能夠將興趣轉化為長期的收入來源。當你的動力與興趣結合時，行動將變得更加順利且具成效。

Lucy 熱愛手工藝，尤其是製作手工肥皂。她在朋友的鼓勵下，開始嘗試，由於她對手工製作充滿熱情，而且產品質量優異，Lucy 很快就建立了口碑，她的產品也透過陸續參與市集被更多人看見。

選擇一個讓你充滿動力且容易上手的項目，能讓你在最短的時間內獲得進展，並通過實踐不斷進步與前進。

以上三大核心原則將幫助你在挑選賺錢點子時做出更有效的決策，確保你選擇的點子不僅能夠發揮你的最大優勢，也能讓你在長期運作中保持動力和熱情。有了正確的思維以後，接下來我們會透過問答的方式來協助你進行初步篩選賺錢點子。

初步篩選你的賺錢點子

請將你在曼陀羅九宮格中所發想出來的點子，依照下方的問題先做初步的篩選。

Q1：哪些點子會讓你做得很開心？

覺得做起來會很開心的項目就可以圈起來。

Q2：哪些點子對你來說做起來比較容易？

覺得這個項目對你來說做起來可能是比較容易的，就可以圈起來。

Q3：哪些點子對你來說覺得很有趣？

覺得這個賺錢點子做起來可能是比較有趣的，就可以圈起來。

Q4：哪些點子做起來覺得壓力大？

覺得這個賺錢點子做起來可能會讓自己感到壓力很大？如果會，就先刪除。

Q5：哪些點子做起來覺得很無趣、提不起勁？

覺得這個賺錢點子做起來可能會讓自己感到無聊？如果會，就先刪除。

Q6：哪些點子自己本身就是使用者，很了解客戶？

這個賺錢點子你自己是不是就是使用者？如果是，就可以圈起來。

Q7：哪些點子是你已經對該項目有想法，或是有實際找相關人員了解過的？

這個賺錢項目你是不是已經曾經研究過，或找相關人員討論過？如果是，就可以圈起來。

Q8：哪些點子是你具有相關的資源或人脈，有機會可以跟他們合作的？

在這個賺錢項目上你身邊是否有相關的人脈資源可以互相

合作？如果是，就可以圈起來。

Q9：哪些點子是你現在即使沒有在賺錢也有在做的？
這個賺錢點子是否是你下班以後閒閒沒事也正在做的事？如果是，就可以圈起來。

選定高成功率項目的五大指標

現在你可能需要從眾多點子中篩選出最合適的點子，我們接下來會透過以下五項指標來進行評估和篩選，這樣可以更科學、更有系統地確保選出的點子最適合你的個人情況和目標。

1. 財務負擔力

首先考慮你的財務負擔能力。這包括你是否有足夠的資金來啟動和維持這個賺錢點子，以及在實際執行的過程中，這個點子是否會對你的個人財務造成過大壓力。

如果你的資金有限，那麼你可能更適合選擇那些初始成本較低的賺錢點子，例如數位產品創作或提供專業服務，而不是需要大量初期投資的實體產品。

2. 執行力

執行力是指你在選定賺錢點子後能夠實際落地執行的能力，這個評估項目你要思考的是，你在該賺錢點子上所需投入的時間、精力是否能符合你的生活節奏和工作習慣。

如果你有全職工作或其他繁忙的日常責任，我們會建議你選擇那些可分階段進行、能夠靈活安排時間的賺錢點子。比如說，如果你有全職工作且職務繁重常常需要加班等，那麼比起開一間實體店面，你可能更適合經營一個網路商店。

這麼建議是因為網路商店可以讓你更靈活安排時間來管理，毋須每天投入大量時間。你可以在週末或下班後處理訂單、更新產品訊息等，逐步進行你的副業項目。相比之下，如果選擇開一家實體店鋪，則需要全天候的經營和管理，這對於有全職工作的人來說可能太吃力。所以，選擇能夠靈活安排時間且可分階段進行的點子，會更符合你的生活節奏和工作習慣。

3. 興趣力

興趣力是評估你對於這個賺錢點子的興趣和熱情程度。興趣是持續投入的動力來源，當你對點子充滿興趣時，你會更有可能在遇到困難時堅持下去。所以這個評估項目是要你確認你對哪個點子最有興趣，這樣選擇的結果能為你帶來長期的滿足感和成就感。

舉例來說，如果你對某個領域，如烹飪或攝影特別有興趣，那麼與這些興趣相關的賺錢點子，如開設烹飪課程或提供攝影服務，會是更合適的選擇。

4. 專業力

專業力指的是你在某個領域的專業知識和技能。選擇一個能夠充分利用你現有專業知識的點子，不僅能夠降低學習曲線，還能提高成功的可能性。所以這個評估項目你可以思考的是，你的技能和專業背景是否可以讓你在短時間內快速上手。

舉例來說，如果你在某個專業領域已經有多年的經驗，像是市場行銷或設計，那麼選擇與這些專業相關的點子，比如提供顧問服務或自由接案，對你來說會是一個更好的選擇。

5. 人脈力

人脈力是指你在特定領域中的人際網絡和資源。強大的人脈可以為你的這個賺錢點子提供早期的支持和機會，進而加速成功的機會。所以在這個評估項目中你可以思考的是，你在特定行業或社群中的人脈資源，選擇那些可以利用這些人脈優勢的賺錢點子對你而言會是不錯的選擇。

所以，如果你因為工作的關係或是身邊的親朋好友中有豐富的資源，像是某個領域的廠商們或是加入某個社團，那麼就可以考慮選擇與這些人脈推廣和合作的點子，如策畫活動或推廣聯盟行銷等方式。

以上這五項指標可以更近一步幫助你篩選出最適合你現階段的賺錢點子，確保你的選擇方向不僅符合自己的條件和興趣，還具有長期的可行性和成功潛力。

那麼，接下來我們要從你剛剛初步篩選的賺錢點子中進行評分，來選出你現在階段成功率最高的賺錢點子囉！

決定你成功率最高的賺錢點子

現在要把剛剛的五項篩選指標透過「點子決策矩陣圖」來評分，請將你透過上述方式篩選後圈起來的項目填到下方的矩陣圖中，這個矩陣圖是用來幫助你做客觀的評分，評分項目包括：財務負擔力、執行力、興趣力、專業力、人脈力，評分的方式有以下三步驟：

Step 1：評估你的財務負擔力與執行力

評估財務負擔力：超過能力負擔的打叉

評估執行力：無法投入這麼多時間的打叉

賺錢點子決策矩陣圖

初步篩選賺錢點子	財務負擔力（可投入成本）	執行力（可投入時間）	興趣力（興趣）	專業力（天賦／技能／專長）	人脈力（可協助人脈）	綜合評分
A	X					
B		X				
C						

如果你的賺錢點子選項中有不符合「財務負擔力與執行力」的，請直接刪除，因為這表示你現在沒有「資金與時間」去執行這個賺錢點子。

舉例來說，W 的點子中有一個是要開酒吧的，但評估過後，目前還沒有足夠的資金來開酒吧，那麼「酒吧」的財務負擔力就可以打叉，後續這個賺錢點子的其他評分項目就可以不予計分，因為這個賺錢點子就不是他目前可以執行的。

範例：如何針對初步賺錢點子評分？

曾經有位學員，他的賺錢點子是開咖啡廳，資金也有了（爸媽願意贊助），但因為他當時還在就學，沒有辦法花那麼多時間籌備、顧店，所以在執行力這個欄位也只能打叉。同樣的，後續其他評分項目就不用持續給分。

Step 2：評估你的興趣力／專業力／人脈力

1. 評估興趣力

高（非常有興趣）：5 分

中（普通）：3 分

低（沒什麼興趣）：1 分

2. 評估專業力

高（非常擅長）：5 分

中（普通）：3 分

低（不太擅長）：1 分

3. 評估人脈力

高（能直接幫助到副業的人脈）：5 分

中（能引薦其他能幫助副業的人脈）：3 分

低（沒辦法直接幫助但願意幫助的人脈）：1 分

沒有人脈：0 分

橫向評分

了解評分方式之後，就可以開始針對每一個點子項目依照「財務負擔力、執行力、興趣力、專業力、人脈力」等五大指標一個個開始橫向評分，也就是在表格上「由左至右」地評分。

舉例來說：假設我有三個點子 ABC 需要評分，這時候我會先評 A 選項的「財務負擔力、執行力、興趣力、專業力、人脈力」；然後再評 B 選項的「財務負擔力、執行力、興趣力、專業力、人脈力」；最後再評 C 選項

賺錢點子決策矩陣圖						
初步篩選賺錢點子	財務負擔力（可投入成本）	執行力（可投入時間）	興趣力（興趣）	專業力（天賦／技能／專長）	人脈力（可協助人脈）	綜合評分
A	X	→	→	→	→	
B			5	3	0	
C			1	5	3	

的「財務負擔力、執行力、興趣力、專業力、人脈力」，以此類推。

注意！財務負擔力與執行力並不計分，而是經評估過後若無法達成，就直接打叉（詳見 Step 1），而且後續評分項目不用繼續給分。

Step 3：評分後同分的項目，請重新垂直給分

如果發現你針對每一個點子項目評分後，最高得分的項目超過一個以上時，建議你再篩選出「一個」成功率最高的點子來執行。

原因是，如果你同時有二到三個項目同分，你選擇

同時間一起做這些項目時，可能會分散心力，這樣會降低你成功變現的機率，或是拉長變現的時間。所以在最剛開始，我們希望你可以專注在一個點子就好，等到未來你這個項目已經很順利上軌道並且變現後，有餘力再回來找另一個對你來說成功率最高的第二或第三個項目來執行。

垂直評分

得到最高分的同分項目超過兩個以上時，將它們分別列出來，依照「興趣力、專業力、人脈力」的評分標準，垂直的「由上至下」地重新給分。

注意！這時候的評分方式要有意識的在這些同分的項目中進行垂直比較，也就是盡量不要再給同分。

舉例來說：假設我有三個點子 ABC 都是同分，我需要重新評分：

・**興趣力**：在 ABC 這三個同分的項目，看哪個是你最有興趣的給 5 分，次有興趣的給 3 分，比較沒興趣的給 1 分，有意識地去從 ABC 這三個選項中做比較。

可能你會覺得三個都很有興趣，但你想想這三個項目擺在你眼前，你的優先項目是什麼？這時候分數就呼之欲出了。

賺錢點子決策矩陣圖

初步篩選賺錢點子	財務負擔力（可投入成本）	執行力（可投入時間）	興趣力（興趣）	專業力（天賦／技能／專長）	人脈力（可協助人脈）	綜合評分
A						
B						
C			❶	❷	❸	
D						
E						
F						

・**專業力**：同樣的，在 ABC 這三個同分的項目中，選出一個對你來說最有把握可以做得最好的給 5 分、次有把握的給 3 分、最沒有把握的給 1 分，有意識地去從 ABC 這三個選項中做比較，看看哪個項目是你覺得在專業力上最有自信的。

・**人脈力**：針對 ABC 這三個同分的項目思考，其中哪一個對你來說有著最豐富的人脈資源，最有資源的給 5

分，然後依序給 3 分、1 分或 0 分，有意識地去從 ABC 這三個選項中做比較，看看哪個項目你擁有的人脈力更廣更強。

這種情況下，你可能會發覺到有些同分的點子是可以結合的，例如：你有旅遊規畫、親子旅遊，這兩個最高得分同分的項目，那你就可以結合成「親子旅遊規畫」的這個賺錢點子！

學會篩選與評分賺錢點子之後，想必你應該已經找到一個你最有資源，而且成功率最高的賺錢點子了吧。接下來就可以針對這個項目持續去做更詳細的規畫，讓你的收入藍圖可以更加清晰！

Chapter 3

找出屬於你
最有賺錢潛力的利基市場！

在選擇了自己的賺錢點子之後，可別急著做出產品，直接丟到市場販售。如果你這樣做了，你可能會發現「想像很豐滿，現實世界卻很骨感」。實際上我們還有一些步驟需要完成，才能將自己的產品或服務規畫得更完整、更符合市場的需求，所以這一章的重點是，要教你怎麼訂定自己的利基市場！

什麼是利基市場？

利基市場這個詞源自法文「Niche」，原本指的是法國人在建造房屋時，會在外牆鑿出一個小空間來擺放聖像，類似我們擺放神明或祖先牌位的概念。這個小空間雖然不大，但很顯眼，容易吸引注意力，就像市場中的一個特定縫隙。這個詞後來被引用到市場行銷中，用來描述特定的細分市場。

傳統上，利基市場的定義是找出市場中的縫隙或未被滿足的需求。然而，在尋找收入來源的過程中，我們希望對利基市場進行重新定義：它是**大市場中你最有把握、最擅長的那個領域**。可以理解為從一個大市場中進一步細分出來的、更契合你專長和資源的區塊。

舉例①：旅行

旅行是一個大市場，但它可以細分為國內旅行、國外旅行、親子旅遊、寵物旅遊、海島旅遊、文化探索等不同主題，而這些細分市場就像我們所說的利基市場。選擇一個更符合你熱情和能力的細分市場，較能使你在這個領域中脫穎而出。

舉例②：美食

美食也是一個大市場，它可以進一步細分為米其林美食、街邊小吃、家常料理、泰式料理、韓式料理等。在這個大市場中，你可以思考哪個類型是你最擅長或擁有資源的，然後專注於這個領域來發揮你的優勢。

透過聚焦在更具體的利基市場，你不僅能更有效地運用資源，還能更好地展現你的專業知識和獨特能力。下面表格提供一些常見的大小市場範例，幫助你更清楚的理解如何區分並選擇適合的市場。

大市場	室內設計	旅遊	美食	翻譯	美妝	攝影
小市場	北歐風格 日式風格	葡萄牙 旅遊 土耳其 旅遊 親子旅遊	韓式料理 泰式料理	旅遊 商務	歐美彩妝 日韓彩妝	人像攝影 商品攝影 婚禮攝影
大市場	信用卡	英文教學	服飾	料理包	植物	繪畫
小市場	小資族 旅遊族	學齡前 兒童 商務家教	大尺寸 波西米亞	素食 健身	多肉植物 室內觀葉	人像繪畫 寵物繪畫

看到這裡，你可能會有一些疑問，比如：「為什麼要選定利基市場？難道不能覆蓋整個市場，服務更多人嗎？這樣不是可以賺更多錢嗎？而且台灣的人口數本來就不多，如果再細分成這麼小的市場，會不會反而縮小了賺錢的機會？」

接下來，我們將解釋為什麼在一開始建立收入來源時，建議專注於利基市場（小市場），而不是直接針對大市場。這樣的策略能幫助你更精準地聚焦，掌握一個細分領域中的專業優勢，從而提高成功的機率，讓你在競爭激烈的環境中更容易脫穎而出。

做利基市場比較容易成功的五個原因

選擇合適的利基市場對成功至關重要。當你專注於一個特定的利基市場，不僅能讓你在競爭激烈的市場中更容易被看見，還能更有效的吸引和留住目標客戶。以下是為什麼選擇利基市場會直接影響成功的五個關鍵原因：

1. 減少競爭壓力

當你選擇了一個具體且專注的利基市場，你將面對較少的競爭對手。相比在一個廣泛的市場中與大量競爭者爭奪客戶，專注於一個利基市場能讓你更快地建立自身的能見度，並在這個細分領域中站穩腳步。

以旅行產業為例，像雄獅旅遊、東南旅行社等大型公司，它們提供全面的行程，涵蓋世界各地的旅遊服務。然而，如果你的資源、時間、財力和知名度無法與這些市場巨頭抗衡，那麼選擇一個細分的利基市場就很重要了。這樣你才能更準確地接觸到特定客群，避免與強大的競爭者正面交鋒。

像是去年我們一家去沖繩旅遊，就選擇向一位專門經營沖繩在地旅遊的導遊購買行程，主要是因為我們相信這位導遊對沖繩的了解比大型旅行社更深入、更專業。當你的資源有限時，專注於利基市場不僅可以提升專業形象，還能有效吸引目標客群，避免與市場上的大公司競爭。

2. 精準鎖定目標客戶

選擇利基市場可以幫助你更精準地鎖定特定的目標客戶群體，這些客戶對你的產品或服務有更高的需求和興趣。精準的定位使得你的行銷和銷售活動更具效果，因為你能夠直接針對那些真正需要你的產品或服務的人群進行溝通和推廣。

每天我們接收到的訊息非常多，從網路、社群平台到報章雜誌和電視新聞，資訊爆炸導致許多訊息被輕易忽略。但如果你明確地選定利基市場，了解你的客戶是誰、他們在哪裡，以及他們的痛點和需求，你所傳遞的訊息就能更容易觸及到那些真正關心你產品或服務的客戶。這就是為什麼我們常強調，**選對賽道可以讓你事半功倍**。

舉個例子：當你在 Google 搜尋「塔羅」，可能會看到數百位塔羅老師，大多數塔羅師的名字可能是「Selena 塔羅」或「Wayne 塔羅」，這樣的名字讓人難以區分。但假設有一位老師叫「Selena 塔羅——專精感情問題的塔羅師」，那麼如果我是因感情困擾而尋求塔羅幫助的人，這個更具針對性的描述是不是就更容易吸引我選擇她呢？

對於這位「Selena 塔羅師」來說，雖然她似乎放棄了如事業、財運等其他方面的客戶，但專注在感情問題這個領域，讓她的競爭對手更少。同時，這樣的聚焦使她能夠更加深入地解決客戶的感情困擾，從而建立良好的口碑，形成一個良性循環。那些因她的專業幫助而解決感情問題的客戶，未來遇到其他困難時也更有可能再次尋求她的協助。

3. 提升專業性

專注於某個利基市場能幫助你建立品牌的專業性和權威性。當你在特定領域深耕時，客戶更容易將你視為該領域的專家，這會大大提升品牌的信任度和客戶的忠誠度，從而推動你的長期成功。

相反的，如果你試圖什麼都做，就很難展示出你在某一領域的專業度。換句話說，潛在客戶可能不會清楚你的核心服務是什麼，甚至會對你的專業深度產生疑慮。

舉個例子：有位攝影師專長於人物形象照拍攝，能夠創造出非常專業的效果。然而，當他接受商品攝影或活動攝影的委託時，結果往往不如預期。如果這位攝影師選擇專注於形象照拍攝，將更容易在這個領域建立起良好的口碑，進而吸引更多對形象照有需求的客戶，最終獲得更大的成功。

4. 最大化你的資源與精力

選擇利基市場可以幫助你更有效地配置資源，避免在廣泛市場中過度分散精力和資源。當你專注於一個具體的市場，就能更深入地了解這個市場的需求，並能針對性地投入時間、金錢和精力，從而提高資源利用的效率和回報。

每個人的精力、時間和資源都是有限的。如果你同時嘗試涉足多個不同的領域，必然會分散你的資源，導致無法在每個領域中做到最好。這可能帶來什麼後果呢？

舉個例子：室內設計師這個職業本身就包含許多細分領域，比如住家設計、商業空間設計等，風格上也有現代、美式、鄉村風等多種選擇。如果一位設計師沒有選定自己的利基市場，而是試圖全包各種設計項目，結果很可能會無法滿足業主的具體需求，最終導致不滿意的成果。不僅如此，失望的客戶可能拒絕付款，甚至會留下負面評價，影響設計師的聲譽。

此外，不同風格和類型的設計各自有獨特的細節與專業要求，這需要設計師花費大量精力去研究。如果試圖覆蓋所有領域，很難在每個方面都建立足夠的專業深度。這樣一來，不僅難以提升服務的價值，還可能因為接手了不熟悉的項目而感到壓力。因此，專注於利基市場能幫助設計師更有效地發揮專長，建立專業形象，並提升市場價值。

5. 創造更精準的價值

如果你一開始選擇的市場過於廣泛，可能會陷入不知道如何開始的困境。舉例來說，假設你決定進入團購市場，但沒有進一步細分具體的目標群體，當你開始挑選產品時，可能會因為無法確定應該從哪個品項入手而感到迷惘，這種不確定性容易導致初期成績不理想，甚至讓你產生放棄的念頭。

如果能聚焦於精準的利基市場，在**規畫產品或服務時會比較簡單**，能幫助你更有條理地規畫產品或服務，還能針對這些目標客戶提供高附加價值的產品或體驗。以團購為例，如果你鎖定了一群特定的目標客戶，最初可以通過精心挑選商品來吸引他們參加團購。隨著客戶對你的信任度提升，未來你還可以為這些忠實客戶提供定制化組合或專屬聯名產品，從而提升利潤並確保穩定的收入來源。

透過上述五大關鍵原因分析後，你應該已經充分理解為什麼我們建議初期最好選擇小市場而非大市場了吧。當你選定利基市場後，服務客戶和開發產品時會更精準，隨著你在這個領域累積一定的成果和口碑，再來考慮擴展市場範圍，成功機率會高出許多。

舉個例子：我有位朋友在擁有全職工作的同時開始經營棉花糖車服務。最初，她的服務專門針對個人派對，特別是生日派對和嬰兒週歲活動。隨著生意漸漸擴展，她的客戶範圍逐步延伸至企業活動，包括品牌推廣、公司內部員工活動等。最終，她成功將這個項目發展成為主業。但這一切的基礎是她先專注於具體的利基市場，建立了穩定的口碑後，才逐步擴展。

另一位朋友專注於訂製團體正裝制服，他的利基市場是針對需要大批量訂製的中大型企業，因為對於小批量訂單，他在成本上無法競爭，因此選擇了更適合自己資源和能力的市場區塊。

總之，無論你的項目是針對企業還是個人客戶，都需要明確你的利基市場。例如，如果你的服務是企業培訓，你需要明確自己專長於什麼樣的企業規模，或針對哪個部門的培訓，如業務部門或行銷部門。選擇合適的利基市場能顯著提高成功的機率，它能幫助你在競爭較少的情況下，憑藉更高的專業度和精準的目標定位，吸引並留住客戶。

專注於利基市場，讓你的投入更加有效，從而更容易達到長期成功。

利基市場的五個思考方向

相信你已經了解選擇利基市場的重要性，那接下來，要來討論如何發掘屬於你的利基市場。透過以下五個關鍵思考方向可以讓你更具體的定位你的目標市場。

1. 從對象選定

選擇利基市場的第一個方向是根據你的目標客戶群體進行選定，也就是你要服務的對象。不同的客戶群體有不同的需求，因此，針對特定群體提供專門的解決方案，可以讓你的賺錢點子更具針對性，也更容易在市場中取得先機。

範例：健身教練

・**針對媽媽群體**：如果你選擇針對媽媽群體，例如提供產後恢復的訓練服務，你就可以更精準地滿足她們的需求。這個族群可能特別關注體態的恢復和核心肌群的重建。針對這些需求，你可以設計出更具價值的教學內容。我自己的健身教練也是一位有小孩的媽媽，所以非常了解產後女性的困擾，所以我對她的信任也更強。

・**針對銀髮族**：如果你選擇針對銀髮族提供服務，與產後媽媽不同，銀髮族更在意的是骨骼和肌肉的健康，以及提高日常活動的能力。針對這個群體的特殊需求，你可以設計出針對性強的訓練方案，幫助他們維持健康和活力。

當你針對特定對象時，你的服務將能夠更好地滿足他們的需要，這種精準定位能讓你的賺錢點子在競爭中更具優勢。

2. 從年齡選定

年齡是另一個可以思考的方向，因為不同年齡層的需求和喜好往往存在顯著差異。根據目標客戶的年齡層來細分市場，可以幫助你更精確地定位，並且更有效地滿足這些特定年齡段的需要。

範例：提供親子相關服務

・**針對 0 ～ 3 歲孩子的家長**：這個年齡段的父母通常更關注早期教育和基礎健康問題，可能會尋找與幼兒發展相關的服務，如早教課程或親子活動。

・**針對 6 ～ 10 歲孩子的家長**：這個年齡段的家長則可能更關注孩子的學習能力和課外活動的發展，他們會對提高升學業成績、培養興趣愛好，或是發展其他技能的服務更感興趣。

透過針對不同年齡層的需求來設計和提供服務，你可以更好地吸引並滿足這些特定群體的需要。

3. 從特定問題或需求選定

選擇利基市場的另一種方式是針對特定的問題或需求進行細分。這種方法可以讓你集中資源和精力解決特定問題，從而提供更專業和高價值的解決方案。

範例：提供代購服務

・**美食代購**：如果你對美食特別了解或感興趣，可以專注於某個地區的美食代購。這樣一來，你可以更好的掌握產品質量，並提供專業建議，吸引那些對美食有需求的客戶。例如，你可以專門代購某個城市的特色小吃或限量版美食，這種專業性會使你的服務更具吸引力。

・美妝代購：如果你對美妝產品有深入了解，可以選擇專注於代購特定品牌或類型的美妝產品。這樣你的服務不僅會更專業，還能更好的滿足消費者對高品質、難以獲得的美妝產品的需要。例如，你可以專門代購國外限量版的化妝品，或針對敏感肌膚的護膚品，這將幫助你在市場中建立專業形象，吸引更多忠實顧客。

這種針對特定需求的細分市場策略，能讓你在競爭激烈的市場中嶄露頭角，並提供更具針對性和價值的服務。

4. 從區域選定

地理區域是另一個利基市場的考慮因素。根據地理位置來選擇市場，可以幫助你專注於特定區域的需求和機會，特別是當你對這個地區有深入了解或資源時，這種區域性的專注可以讓你更具競爭優勢。

範例：地理或區域優勢

・貿易進口：假如你經常往返某個國家或地區，或是有家人長期住在美國、澳洲、泰國、越南、日本等地工作，那麼就可以利用這種地理優勢來進行該地區的貿易進口或是代購。

・**旅遊服務**：如果你對某個國家或地區特別熟悉，比如沖繩，你可以專注於提供該地區的旅行服務，如當地深度遊覽或特別主題旅行，這將比大型旅行社提供的廣泛行程更具吸引力。

5. 從特色選定

最後，你還可以根據自己的特色或專長來選擇利基市場。這種方法能夠讓你充分發揮自身優勢，並吸引對這些特色感興趣的客戶。

範例：特定行業，例如旅遊業

・**從特色出發**：如果你對藝術或美食有特別的興趣或專長，你可以規畫專門針對這些主題的旅行團。比如，美食旅行團可以帶領參與者深入體驗當地的美食文化，參觀知名餐廳、參加烹飪課程等。而藝術旅行團則可以參觀世界各地的著名博物館或藝術展覽，為藝術愛好者提供深入的文化體驗。

· **針對特殊需求的旅行團**：你也可以根據客戶的特定需求來設計旅行團。譬如為身障人士設計無障礙旅遊路線、為親子家庭提供適合各年齡段孩子的旅遊方案，或是為瑜伽愛好者提供結合健康與靈性修養的瑜伽旅行團等。這些有特殊需求的客戶會對你的專業性和特色服務更加青睞，從而增加你的市場競爭力。

透過發揮你的專長和滿足特定需求，這種利基市場策略能讓你在競爭激烈的旅遊市場中脫穎而出，並建立起專業且差異化的形象。

請務必根據這五個思考方向，花一些時間來發想你的利基市場。將你想到的點子一一寫下來，不論是針對特定對象、年齡、問題需求、地區還是特色的市場，都可以列出來。完成以後，就要來進行篩選和評分，找出屬於你最有賺錢潛力的利基市場。

「想」是問題，「做」才是答案！

三個指標篩選高成功率利基市場

看到這裡，相信你已經對小市場有了一些想法。現在，我們需要從中挑選出一個最有成功機會的市場來優先執行。有個可以幫助你快速挑出最合適的利基市場的實用工具，不僅能幫助你做出決策，還能建立你的自信心，讓你清楚了解自己的優勢。這個工具就叫作「利基市場 ICE」評分方法，涵蓋了三項指標評分：Impact（影響力）、Confidence（自信）和 Ease（簡單）。

這套評分系統將幫助你更理性地評估你的利基市場。以下將詳細說明這三項指標評分的意義，以及使用的範例。

1. Impact 影響力

Impact 評分項目主要評估的是市場成長潛力和你的賺錢點子能夠在市場中產生的影響力。這意味著你需要評估這個利基市場是否有足夠的需求和潛力來支持你的業務增長，以及你能否在這個市場中產生有意義的影響。

舉個例子，幫助你更好的理解這個概念。假設你是一位攝影師，正在選擇自己的利基市場，並發想出「寵物攝影」和「兒童攝影」這兩個方向。在這個過程中，你可以從不同的角度來考慮：

・**市場趨勢**：由於少子化的現象，現在養寵物的人數已經超過了生小孩的人數。因此，從市場需求的角度來看，你可能會給「寵物攝影」打個較高的分數，因為這個市場有著更大的潛力。

・**個人背景與資源**：你不僅是一位攝影師，還是一位媽媽，你的朋友圈中有更多的是養小孩的父母，而非寵物主人。你可能認為，由於少子化，家長們更願意為孩子投入更多的資源和金錢，因此「兒童攝影」在你看來可能更有成長潛力。

透過這樣的多角度分析，你能更好的評估和選擇最適合你的利基市場。

2. Confidence 自信

Confidence 評分項目評估的是你在執行這個賺錢點子時的自信程度，以及你對這個點子的喜愛程度。這個評分項目非常個人化，它關注的是哪個點子能讓你感到更有自信，並且更加喜愛。如果你對一個點子充滿自信，並且真的享受這個過程，那麼你在推動這個點子時會更加積極主動，成功的機率也會更高。

我們有位學員是一名健康管理師，她專門幫助年輕女性透過飲食和運動來改善健康，並提升體態的自信。從她的身上，可以強烈感受到她對這個點子充滿了自信，而這種自信不僅讓她更積極地推動這項業務，也使她更容易吸引到信任她的客戶。

3. Ease 簡單

Ease 評分項目評估的是你在執行這個點子時的難易程度。這裡的「簡單」並不是指這件事本身不具挑戰性，而是指相較於其他點子，這個點子對你來說更容易上手、更容易執行。當你選擇一個較為簡單且符合你現有能力的賺錢點子時，你會更有信心，因為你知道自己可以輕鬆掌握這項業務。

如果你能以簡單的方式賺錢，當然是最理想的。換句話說，如果你本身就是這個市場的消費者，非常熟悉這個市場中客戶的痛點和問題，或者你已經擁有相關的技能和經驗，那麼這個賺錢點子對你而言就會更容易執行，那麼這個評分標準就可以給出高分。譬如有位 Y 同學，她的本業是在會計師事務所工作，而她的賺錢點子是為新創公司提供財務相關的服務。由於這正是她的專業領域，也是她非常熟悉的工作內容，因此這個點子對她來說就顯得相對容易執行。

當你使用**「利基市場 ICE」評分系統**時，你會有一個清晰的框架，**幫助你從市場影響力、自信程度和執行難易度三方面進行全面考慮**。這樣的評估方法不僅能幫助你選擇最合適的利基市場，還能幫助你建立起正確的自信心，讓你更加了解自己的優勢，從而更成功的推動你的第二收入的發展唷。

實際篩出屬於你的高成功率利基市場

在理解完「利基市場 ICE」評分項目意義後，接下來要請你將發想出來的小市場填寫到表格的「小市場」中，並依據「Impact 影響力、Confidence 自信、Ease 簡單」三項指標幫助你做客觀的評分，給分的標準如下：

Impact 影響力、市場成長潛力

在 Impact 評分中，除了針對哪個更有市場成長潛力外，同時還能綜合評估你自己現在的資源與認知。對你來說，哪個利基市場的成長潛力是你認為更好的，就可以給予高分。

高（非常有潛力）：5 分

中（普通、還好）：3 分

低（沒什麼潛力）：1 分

最低（完全沒有潛力）：0 分

Confidence 自信

Confidence 評分項目評估的是你在執行這個賺錢點子時的自信程度，以及你對這個點子的喜愛程度。哪個做起來你會更有自信和更喜歡，就可以給予高分。

高（非常有信心）：5 分

中（普通、還好）：3 分

低（沒什麼信心）：1 分

最低（完全沒有信心）：0 分

Ease 簡單

Ease 評分項目評估的是你在執行這個賺錢點子時的難易程度。這裡的「簡單」並不是指這件事本身不具挑戰性，而是指相較於其他點子，這個點子對你來說更容易上手、更容易執行。做哪個項目你做起來比較簡單、輕鬆，就可以給予高分。

高（非常簡單）：5 分
中（普通、還好）：3 分
低（沒有太簡單）：1 分
最低（完全不簡單）：0 分

已經了解評分方式之後，就可以開始針對每一個小市場依照「Impact 影響力、Confidence 自信、Ease 簡單」一個一個開始橫向評分，也就是在表格上「由左至右」地評分。

橫向評分

假設我有三個小市場 ABC 需要評分，這時候我會先評 A 選項的 ICE；然後再評 B 選項的 ICE；最後再評 C 選項的 ICE，以此類推。

利基市場 ICE				
小市場	I(Impact) 哪個有市場成長潛力	C(Confidence) 哪個更有自信和喜歡	E(Ease) 做哪個比較簡單	綜合評分
A	5	3	0	
B	1	5	3	
C				

垂直評分

如果你發現評分後有同分的小市場，請重新垂直給分。主要是我們希望你可以篩選出「一個」你覺得最有把握的小市場開始執行就好，除了避免剛起步就蠟燭兩頭燒外，更重要的是這樣做成功機率相對高。

至於「垂直評分」要怎麼給分呢？

這時候請將最高分且同分的小市場，依照「Impact

影響力、Confidence 自信、Ease 簡單」的評分標準，垂直地「由上至下」的方式重新給分。

注意！這種情況下評分方式要有意識的在這些同分的小市場中比較出高低，也就是盡量不要再給同分。

示範：假設有三個小市場 ABC 都是同分，需要重新評分

・Impact **影響力**：看 ABC 這三個同分小市場中哪個最有市場潛力，就依序給 5 分、3 分、1 分或 0 分，有意識地去從 ABC 三個選項中做比較，就能得到那「一個」你覺得最有影響力或成長潛力的小市場。

・Confidence **自信**：看 ABC 這三個同分小市場中哪個是我做起來覺得最有自信、最有興趣的，就依序給 5 分、3 分、1 分或 0 分，有意識地去從 ABC 三個選項中做比較，就能得到那「一個」你做起來更有自信或興趣的小市場。

・Ease **簡單**：看 ABC 這三個同分小市場中哪個我做起覺得最簡單的，依序給 5 分、3 分、1 分或 0 分，有意識地去從 ABC 這三個選項中做比較，就能得到那「一個」你做起來最輕鬆簡單的小市場。

利基市場 ICE				
小市場	I(Impact) 哪個有市場成長潛力	C(Confidence) 哪個更有自信和喜歡	E(Ease) 做哪個比較簡單	綜合評分
A				
B				
C	❶	❷	❸	
D				
E				
F				

到這裡，你應該已經找出一個最適合你的賺錢點子，而且成功機率最高的利基市場了。接下來我們會持續針對這個點子去做更詳細的規畫，讓你的第二收入藍圖更加清晰！

常見的兩大利基市場提問

①：我找到自己的利基市場了，但競爭者很多，該怎麼辦？

這是每一個想要開啟第二或多元收入的人心中最大的恐懼。如果你也有同樣的疑問，可以先從以下幾個方向來思考：

1. 設定現實的目標

首先，思考一下你剛開始每個月希望透過點子賺多少錢。假設你的目標是每個月先賺五千、一萬元，那麼你需要的只是市場中的一小部分，並不需要占據整個市場。儘管整個市場可能有幾千萬，甚至幾億的市值，但這並不意味著你因為有競爭者就無法達到你的目標。

比如說，你現在想要進入手工香氛蠟燭市場。這個市場可能已有很多競爭者，而且他們的品牌都非常強大。假設市場的總規模是一億元，而你只不過是想先從中賺取五千到一萬元的月收入而已，那你實際上只需要吸引極少一部分的顧客。所以，只要集中鎖定你的利基市場——提供獨特香味或天然原料，吸引這部分的客群，讓他們願意選擇你的產品，這樣你就能達到你的月收入目標。

2. 專注於解決目標客戶的痛點

市場的大小不僅取決於競爭者的數量，更關鍵的是，你能夠滿足多少人的需求，以及解決多少人的問題。消費者是流動的，他們會選擇最能解決他們問題的產品或是服務。因此，即使在競爭激烈的市場中，只要你的產品或服務能夠精準地解決他們的痛點，就能夠吸引他們的注意。

以營養師諮詢這個競爭激烈的市場為例，市面上有許多營養師可供選擇；但是在我懷孕時，我就特別選擇了一位專攻孕期營養的營養師。她了解不同懷孕階段胎兒的發展需求，會根據每個月的變化，告訴我應該特別攝取哪些食物，並指導我在不同月份的合理體重增幅。她甚至還會在適當的時候讓我放鬆一下，建議一些能讓我心情愉悅的食物。正因為她在孕期營養這一細分領域的專業度，使得她在這個競爭激烈的市場中一枝獨秀，非常吸引像我這樣的客戶。

3. 競爭代表市場機會

越競爭的市場通常代表著這個市場的需求越大。如果你發現市場中已有許多競爭者，這反而是一個積極的訊號，說明這個市場存在大量的需求。你需要做的就是從中分得一小塊市場，這樣就足以增加你的收入。

比如說，你想要進入咖啡市場，這是一個競爭非常激烈的市場，但也是一個巨大且充滿機會的市場。如果你能找到一個利基點，譬如專注於提供對環保有特別要求的有機咖啡，或者針對咖啡愛好者推出獨特的限量版咖啡，那麼你就能夠在這個大市場中找到自己的位置，並且實現你的目標收入。

4. 謹慎看待無競爭對手的市場

最後，要特別提醒你，假如你找到一個沒有競爭對手的市場，那麼你需要先仔細思考這個市場是否真的存在需求。市場上沒有競爭者的原因可能是因為這個市場沒有足夠的需求，所以這也是一個需要謹慎考量的訊號。

假設你發現了一個市場，幾乎沒有任何競爭對手，先不要高興得太早，在進入這個市場之前，你需要確認是否真的有足夠的需求支持這項業務。如果經過市場調查發現，這個服務需求極少，那麼可能就不值得投入大量資源去開展這個點子。

所以說，市場的競爭者多不代表你無法成功，關鍵是如何精準定位，找到能夠解決目標客戶問題的切入點，並且從中獲取自己的一部分市場。強大的競爭者和充滿競爭的市場，其實往往意味著有巨大的市場需求，只要你能夠提供獨特的價值，就能夠在這個市場中出線。記住，**市場的本質是價值的交換，只要你能為客戶解決問題，他們就會願意為你的服務付費。**

②：如果適合我的利基市場太小，會不會以後發展的機會很小，賺不到錢？

當你發現適合你的利基市場較小時，的確容易讓人擔心未來發展有限，甚至賺不到錢。然而，利基市場雖然小，但它帶來的機會可能遠超出你的想像。以下是幾個思考點：

1. 小市場不代表小機會

雖然利基市場的規模相對較小，但這並不意味著賺錢的機會少。小市場的優勢在於它更加專注和精準，你能夠更好地了解客戶需求，提供高度針對性的產品或服務，從而建立強大的品牌忠誠度和口碑。

專注於一個小而精的市場，可以讓你更容易成為這個領域的專家，獲得穩定的收入。有個商會的朋友，他專注於無麩質相關食品的生產和銷售。無麩質飲食市場相對於整個食品市場來說規模較小，但他選擇專注於這一領域，專門為那些對麩質過敏或有麩質不耐症的人群提供高品質的無麩質麵包、點心和其他食品。

由於這個市場的需求非常具體，他就能夠深入了解這些消費者的飲食需求和健康考量，提供市場上難以找到的美味無麩質食品。儘管這是一個相對較小的市場，但他的產品因其針對性和高品質，很快在該細分市場中建立了良好的口碑。滿意的顧客不僅成為回頭客，還會向有相同需求的親友推薦這些產品。

所以說，專注於無麩質食品這個小市場，他可以在競爭較小的環境中脫穎而出，最終獲得了穩定的收入和市場地位。這個例子顯示了小市場的潛力，只要你能夠深入了解並滿足客戶的具體需求，小市場同樣可以帶來可觀的盈利。

2. 高附加值帶來高利潤

在小市場中，客戶往往願意為專業和客製化的服務支付更高的價格。如果你能提供超出預期的價值，無論市場規模如何，都能獲得可觀的收益。

有位寵物美容師就選擇了專注於高端寵物美容服務。她發現許多寵物主人願意為了自己的寵物支付高額的費用，特別是那些把寵物視為家庭成員的客戶。因此，她針對這個小而專注的市場，提供了不僅是基本清潔和修剪的服務，還包含了寵物按摩、香氛療法、定制造型等高端服務，甚至連寵物的喪事也有一條龍的服務。

透過了解客戶的需求，提供全方位的服務體驗，包含上門接送服務、定期保養、專屬的寵物美容建議等。她的營業內容不僅解決了寵物美容的基本需求，還提供了超出客戶預期的體驗，讓客戶感到物超所值。

由於這種高附加值的服務能為客戶帶來獨特的體驗和滿足感，讓這些寵物主人非常願意支付高昂的價格。所以你看，一個專注於高端市場的小眾服務，仍然能夠透過提升服務的附加價值，獲得穩定且可觀的利潤。

3. 小市場是擴展的起點

許多成功的事業都是從一個小市場起步，然後逐漸擴展到更廣泛的市場。小市場為你提供了一個測試和完善產品的機會，在這個過程中，你可以建立穩固的基礎，積累經驗和資源。當你在利基市場中擁有穩定的客源之後，你可以一步步擴展產品線或拓展到其他相關領域。

我自己也是從專注於小白理財這個利基市場開始，成功建立了一定的影響力和信譽後，才逐漸拓展到房地產投資領域。隨著資源和經驗的積累，我進一步涉足美股和區塊鏈等投資工具的分享。如今，我的領域已經發展到可幫助他人打造多元收入。所以，我可以負責任地說，從小市場起步並逐步擴展慢慢實現多元化發展，成功機率真的很高。

4. 彈性擴大市場範圍

如果你覺得你的利基市場過於狹窄，擔心未來的發展空間受限，其實你可以考慮稍微擴大市場範圍。這並不意味著偏離你的核心產品或服務，而是靈活地增加一些相關的產品或服務，來觸及更廣泛的客戶群體。

我們有一位工作夥伴對義大利文非常感興趣，正在自學，並希望將來能發展相關的副業，例如教導對義大利文有興趣的人。然而，她發現這個市場在台灣非常小（只有一所大學設有義大利文系，而且語言教育市場上也只有少數幾位義大利文教師）。這讓她擔心這樣的副業是否會因市場過小而無法帶來足夠的收入。

其實，當你鎖定的目標受眾明確時，也意味著他們有明確的需求和願望。對於想要學習義大利文的人來說，他們可能不僅是對語言感興趣，還有更深層次的目標或願望。這時候，你可以考慮在義大利文教學之外，擴展其他相關服務，例如：

- 義大利旅遊顧問服務：幫助對義大利文化感興趣的人規畫深度旅遊行程。
- 義大利品牌選品店：引進義大利當地特色產品，吸引對義大利文化和生活方式有興趣的顧客。
- 義大利農產品小農合作：與義大利當地的小農合作，引進獨特的農產品到台灣市場。

這些額外的服務不僅可以滿足更多元化的需求，還可以讓你的第二或多元收入有更大的發展空間和營收潛力。

這也說明了深入了解客戶的痛點和願望的重要性，因為**每一個痛點和願望都有可能成為你產品或服務的靈感來源。**

Chapter 4

了解目標客戶，掌握市場需求！

當你已經選定了成功率最高的利基市場後，下一步就是深入了解並找出目標客戶，不只要勾勒出客戶的基本樣貌，還要深入挖掘他們的現狀、痛點及需求。你的利基市場就能提供線索，這裡有一群擁有相似特徵、需求和痛點的人，他們的願望也常常相近。本章節就是要教你識別出這群人，並理解他們在追求目標時可能遇到的各種挑戰和困難。

了解目標客戶需求與痛點的方法、管道

當你越深入了解目標客戶，就越能針對他們的具體需求，設計出真正能解決他們問題的產品或服務。因此，在正式推出產品之前，必須全方位的了解目標客戶的需求和心理，這樣才能確保我們的產品或服務正中他們的需要，並為他們創造最大的價值。那麼要如何收集和分析目標客戶的需求與痛點呢？以下提供三個執行方法：

1. 直接與客戶互動

與目標客戶面對面互動是最直接和有效的，可透過

訪談、問卷調查、電話訪問等方式，與潛在客戶進行一對一的交流，了解他們的需求、困擾，以及對產品或是服務的期待。

・**訪談**：安排一對一的訪談，深入了解客戶的需求和痛點。這種方式能夠獲取更深入的想法與感受，因為你可以根據客戶的反應進一步追問，像我們在自己的學習品牌「MoneyMap」，也是利用這種訪談的方式來了解我們的用戶。

・**問卷調查**：設計一份包含開放性問題和選擇題的問卷，發送給潛在客戶，收集他們的需求和意見。這種方式比一對一訪談更能快速獲得大量數據與回饋。

2. 市場調查與競品分析

第二個方法就是透過市場調查和競品分析，以此了解市場的普遍趨勢與喜好，並從中發現競爭對手的產品如何解決客戶的需求和痛點。這種方法不僅可以了解市場的基本情況，還有可能發現市場中尚未被滿足的切入點唷。

舉例來說，有位學員打算進入健身行業，那麼他可以先透過市場報告了解目前最受歡迎的健身課程類型，接著還可以分析競爭對手的課程安排和客戶反饋。如果你覺得要獲得這些資訊會有困難，那還有一個方法就是實際變成他們的客戶，實際體驗過他們的流程與服務，那麼你可能會發現也許很多課程都忽略了高強度訓練後的恢復按摩，那麼這個發現也許就可以成為你決定開發一個專門針對這項痛點服務的利基市場。

3. 社交媒體、網絡社群或線下群體

社交媒體、網絡社群，或是線下群體都是了解目標客戶需求的寶貴資源，可透過參與相關的網絡論壇、Facebook 社團、Instagram、Discord 和 Thread 等社交平台，甚至是線下的社團與團體等，了解他們所面臨的困難和需求。積極參與這些討論，直接詢問他們遇到的問題，甚至可以問問他們期望的解決方案，這樣你就能更精準地收集到寶貴的訊息。

假設你的利基市場是瘦身市場，而且目標客戶是產後媽媽，那麼你需要了解有關產後媽媽的線上線下社群。這些可能是 Facebook 的媽媽群組，或是與月子中心有聯繫的朋友。如果你能清楚的知道這些群體的聚集地點，那麼對於你深入了解他們的需求將有極大的幫助。當你越了

解目標客戶，在後續階段規畫產品時，才能更精準的滿足他們的需要。

了解目標客戶的核心思維

你已經清楚從「哪裡」來了解你的精準客戶後，在進一步深入了解他們的過程中，還需要掌握核心思維，以確保能順利進行。

共情與理解

要真正理解目標客戶，你需要學會與他們共情，也就是設身處地的去感受他們的需求和困難。這種共情能幫助你更好的體會他們的痛點，從而設計出能夠解決這些痛點的解決方案。所以當你花時間與目標客戶進行深度交流時，你需要好好的傾聽他們的故事和經歷，這樣你就能更準確的把握他們的需要。還有一個偷吃步的方法，就是把自己當作是自己的第一位顧客。

把自己當作自己的目標客戶有什麼好處呢？

1. 從自身出發的感受會是最強烈的。

2. 想想看，如果你服務的人都是跟你很像的人，那麼你是不是可以更理解他們。

以我為例：2017 年，我開始做 YouTube 頻道分享投資理財的時候，當時有很多人的狀態與遇到的困難都跟我一樣。所以當我幫自己解決了問題，其實也等同於幫其他人解決了問題。

不只是我，跟我一樣同屬相同市場（大市場）的投資理財類 YouTuber 們，也有各自鎖定的利基市場，而他們所服務的對象也都跟他們有著類似的情況。例如：SHIN LI 李勛的觀眾大部分都跟他一樣是希望可以善用信用卡的人；柴鼠兄弟的觀眾大部分也跟他們一樣把台股當作想要操作的投資工具；Yale Chen 的觀眾大部分也跟他一樣是年輕人，但渴望透過被動式投資來幫助自己提早退休。

我們有個好朋友，在業務導向的公司從事業務工作，每到年底都要花十幾萬送年節禮盒，後來他直接開發了一個年節禮盒，除了自己可以送給客戶之外，全公司的業務沒有幾千也有幾百個，雖然不可能所有業務都用他的年節禮盒送人，但是因為理解業務們的需求，銷售出去的機會自然很高。此外，因為加入商會的關係，他又再拓展出一群同樣有需要送禮的朋友。這些同事和朋友都是跟他有同樣目的——想要找到 CP 值高，客戶滿意的年節禮盒——的目標客戶。

所以說，物以類聚，性質相近的人事物總是比較容易互相吸引，所以如果你目前對於自己的理想客戶樣貌還不是很清楚的話，那麼你可以看看自己，你就是你即將要推出的產品或服務的目標客戶。

解決問題的導向

你的核心目標應該是幫助客戶解決問題，而不僅僅是推銷產品或服務。當你以解決客戶問題為導向時，你的產品或服務將自然而然的更具價值，因為它們真正滿足了客戶的需求。

在設計產品或服務時，始終要問自己：「這能解決客戶的哪個問題？」如果你無法清楚回答這個問題，那可能需要重新評估你的產品定位。

了解你的客戶是成功的關鍵，但更重要的是深入理解他們目前面臨的問題、痛點，以及他們希望達成的目標。只有當你的產品或服務能有效解決他們的問題時，才能真正吸引他們，促成成交，並為你帶來收入。這也正是我們一再強調的——**商業的本質在於價值的交換**。

客戶的目標與需求

為了更好的幫助你釐清目標客戶的痛點與需求，我們列出了一些問題，這些問題能幫助你深入了解客戶的想法、感受，以及他們的痛苦和期望。同時也提供了一些常見的目標客戶可能會追求的目標和他們面臨的痛點，供你參考：

1. 賺錢、省錢、省力、省時間

許多客戶的核心需求集中在經濟和效率上。他們可能希望透過你的產品或服務來增加收入、節省開支，或者提高效率以節省時間和精力。如果你的解決方案能夠幫助他們實現這些目標，那麼你將很有可能成功打動他們。

舉個大家都熟悉的品牌為例：Airbnb 為房主提供了一個平台，讓他們出租閒置房產，從而創造額外收入，滿足了賺錢的需求；Costco 以低批發價格提供商品，幫助消費者節省日常開支，特別適合追求高性價比的顧客；掃地機器人自動化打掃，讓用戶省去體力和時間成本，尤其對不愛家務的人來說，它是省力的理想工具；Uber 改變了叫車方式，用戶通過 App 能快速叫車，毋須等待傳統出租車，極大節省了出行時間，滿足了那些需要快速抵達目的地的客戶需求。

2. 感到正面的體驗或感受

客戶追求的不僅僅是物質上的滿足，很多時候他們也在尋求心理上的正面體驗，如自信、放鬆、舒適和安全感等。能夠為客戶提供這些積極情感的產品或服務往往會有很強的吸引力。

像是在 SPA 或按摩療程中，客戶尋求的遠不僅是身體的放鬆，而是一種全方位的正面體驗。無論是透過香薰、柔和的音樂或專業的按摩技術，這些服務旨在讓客戶感到舒適、放鬆並減輕壓力。這種環境和服務會讓客戶在忙碌的生活中找到心靈的平靜和壓力的釋放。因此，客戶選擇 SPA 不只是為了身體健康，也是在尋求心理上的滿足感。

3. 擺脫痛苦的感受

消費者希望透過你的產品或服務來擺脫生理或心理

上的痛苦，包括悲傷、壓力、憤怒、失望或無助等負面情緒。只要你的產品能有效地緩解這些痛苦，你就能贏得他們的青睞。

像是心理諮詢與治療產業，許多消費者尋求心理諮詢或治療服務，正是為了擺脫焦慮、抑鬱、壓力等負面情緒。專業治療師與療癒師透過傾聽與一些技術和方法，幫助客戶處理情感困境，提供支持並解決問題。對情感困擾的人來說，心理諮詢能帶來解脫和安慰。

4. 獲得健康、讚美、肯定、認同

健康和社會認同是許多人生活中非常重要的目標。無論是幫助客戶改善身體健康，還是透過提升他們的社會形象來獲得他人的讚美和肯定，這些都是強大的動機因素。

舉例來說：一個健身教練提供專業的減重和塑形服務，幫助客戶達到健康的理想體重，同時還可以獲得來自他人的讚美和認同。

5. 提升自我價值

很多客戶希望提升自己的專業能力或賺錢能力，從

而增強自我價值感。這些客戶通常願意投資在教育、培訓，或其他能夠提升他們個人價值的產品或服務上。

舉例來說，我們的學習品牌「MoneyMap」就是一個專注於提供投資理財、增加主／被動收入相關的課程，幫助學員提升技能，進一步增加他們的財富和自我價值。

6. 傳遞價值觀、中心思想或堅持理念

有一些客戶非常關注如何透過消費來表達他們的價值觀或理念。如果你的產品或服務能與他們的核心價值觀高度契合，這也可以成為你強大的賣點。例如，專注於環保的品牌，將可以吸引那些重視環保，並希望透過購物表達自己價值觀的客戶。

當你理解目標客戶的這六大目標和需求，你就能夠更有效地設計和推廣你的產品或服務。記住：

商業的本質是價值的交換！當你能夠真正解決客戶的問題並滿足他們的需求時，他們自然會願意為此付費，從而為你創造收入。

深度了解目標客戶的方法：客戶同理心地圖

現在你已經明白了要深度理解你的目標顧客非常重要，那麼接下來我們要如何透過工具來真正理解目標客戶呢？這裡要教大家使用的工具叫作：客戶同理心地圖。

當你開始回答以下問題時，我需要你進行一個換位思考，也就是直接「把自己放在客戶的位置」，藉由角色轉換的方式來回應以下問題。這很重要，因為很多時候，我們所發想的賺錢點子，其實是源於我們曾經作為消費者的經歷和需求。

請記住：**你現在的角色是（你的賺錢點子）的消費者，而不是提供者**。假設你打算做「咖啡教學」，那麼請回想當你還是咖啡初學者時，你想學習咖啡技能時遇到了什麼樣的挑戰和困難？

接下來，我們要完成一份客戶同理心表，這份表格包含了以下五個問題。你會發現部分問題中有底線空白處，這裡需要你填入你的利基市場。填寫完成後，請逐一回答每個問題：

Q1：你會接觸 ________，是因為遇到什麼困難嗎？（請盡可能詳細的描述這個困難）

範例 小 M 的回答：

作為咖啡初學者，我一直想在家為自己沖泡一杯味道純正的手沖咖啡，但我發現我對咖啡豆的種類、研磨的粗細度和水溫的控制完全不了解。即使看了許多教學影片，依然很難掌握正確的技術，導致泡出來的咖啡口感差異很大，始終無法達到理想的效果。我希望能夠有系統的學習如何沖泡專業的手沖咖啡，並且明白每一步驟的重要性。

Q2：你在購買 ________ 時，希望能達到什麼成果？

範例 小 M 的回答：

我希望透過學習掌握基本的手沖咖啡技術，並且穩定地在家泡出有如咖啡館提供的高品質咖啡。同時，希望能夠了解咖啡豆的選擇和沖泡技巧，進一步提升我的咖啡品味。我也期待能學會辨別不同咖啡豆的風味特徵，並且能在朋友面前展示我的沖咖啡技巧。

Q3：你在使用／體驗 ________ 時，過去有沒有遇到不滿意的消費體驗？

範例 小 M 的回答：

我曾經參加一場咖啡教學課程，但課程內容太過基礎，沒有深入探討咖啡豆的種類和風味，也沒有實際的操作演示，讓我感到課程不夠實用。此外，老師沒有關注學員的實際困難，只是按照固定的課程進行講解，缺乏個性化指導，這讓我覺得難以解決自己在沖泡時遇到的問題。

Q4：如果一直還沒有付費購買，是什麼讓你卻步？（包括障礙、風險、壓力、恐懼等）

範例 小 M 的回答：

我猶豫的原因主要是擔心自己無法學會，或者課程的內容過於單一，無法解決我的實際問題。另外，價格也可能是一個顧慮，我希望能確定這門課程的價值是否值得付費。此外，我也擔心授課方式會不夠靈活，無法按自己的時間安排學習。

Q5：在你接觸 ________ 時，你對於提供此產品或服務的品牌或店家有什麼期望？（例如：客服是否即時且友善、頁面是否清楚、價格是否透明等）

範例 小 M 的回答：

我希望這個咖啡教學品牌能夠提供一個清晰、詳細的課程介紹，告訴我每個階段會學到什麼內容。同時，我希望品牌能夠提供靈活的學習方式，比如線上課程或隨時回看。另外，客服是否友善、課程價格是否透明也很重要。如果能提供試聽課程或退款保證，我會更放心地購買。

完成了上述這五個問題，就完成了「客戶同理心地圖」了唷！

用你的角度來推廣你的賺錢點子

完成客戶同理心地圖後，我們將透過以下四個問題來幫助你統整之前所討論的要點。這時候，要把角色切回到你自己，也就是這項服務或產品的提供者身分。請仔細思考並回答以下問題：

Q1：為什麼你有能力提供這項服務？你使用了哪些獨特的方法？

思考並說明你為什麼能夠勝任這項服務或產品。這可能包括你的專業知識、豐富的經驗、相關的證照，或是你所掌握的獨特技巧、方法。

範例 小 M 的回答：

我具備咖啡專業的知識背景，並擁有多年的咖啡師經驗，曾在多家知名咖啡店工作，也通過了 SCA（Specialty Coffee Association）的咖啡認證課程。我的教學方法獨特之處在於結合了理論與實際操作，並使用簡單易懂的步驟分解技術，讓學員能輕鬆上手。並且，我很強調客製化指導，根據學員的學習進度調整教學內容，讓每個學員都能在實際操作中獲得實踐經驗。

Q2：這個服務適合誰？會吸引到哪些受眾？

明確指出你的目標客戶群體。他們是什麼樣的人？他們有哪些共同特徵？這一點能幫助你更精準地吸引到你的客戶群體。

範例 小 M 的回答：

我的咖啡教學課程專門針對「想在家製作高品質咖啡的初學者」。這些受眾大多是 30 到 40 歲之間的家庭主婦或喜愛咖啡的個人，他們在家的時間很長，對於提升生活品味充滿興趣，尤其是希望能親手製作咖啡來享受日常休閒時光。然而他們不熟悉專業技術，渴望能夠簡單易學地掌握沖泡咖啡的基本技巧，讓自己和家人都能隨時享受手沖咖啡。

Q3：為什麼他們需要你的產品或服務？

結合之前的回答，說明你的產品或服務如何解決目標客戶的痛點或需求。為什麼你的解決方案是他們需要的？這裡可以引用你之前對客戶需求和痛點的分析。

範例 小 M 的回答：

這些家庭主婦或喜愛咖啡的個人需要我的咖啡教學課程。因為他們希望能在繁忙的日常生活中找到一個簡單而有趣的愛好，並在家輕鬆製作出高品質的咖啡。他們通常缺乏時間去深入研究咖啡技術，也不會使用專業設備。我的課程能夠提供簡單易懂的教學，讓他們毋須太多準備即可學會如何沖泡出專業水準的咖啡，從而提升他們的生活質感與滿足感，在家就能為家人或朋友提供親手沖泡的高品味咖啡。

Q4：他們想要達成什麼目標？最終期望是什麼？

思考並總結你的目標客戶最終希望從你的產品或服務中獲得什麼。這可能是某種結果、成就感或解決某個具體問題。

範例 小 M 的回答：

我的目標客戶希望能在家裡穩定沖泡出好喝的咖啡，節省往返咖啡館的時間。他們期望能掌握簡單的技術、快速上手，並且在繁忙的生活中找到屬於自己的放鬆時光。他們學習的最終目標，是能在家自信地沖出好喝的咖啡，不僅提升個人品味，還能與家人、朋友分享，讓咖啡成為一個促進家人和朋友交流的共同愛好，並為自己帶來成就感與滿足感。

透過回答這四個問題，你將能更清楚的理解和定位你的服務或產品。

常見的四種定價方式

在進入訂價方法之前，先來複習一個我們之前反覆強調的重要觀念：**商業的本質就是價值的交換**。無論你提供什麼類型的產品，它的核心目的都是為了解決目標客戶的問題或痛點，幫助他們達成理想目標。換句話說，你透過提供價值，而客戶則以你設定的價格來進行交換。

那麼，客戶如何衡量這所謂的價值呢？事實上，很多時候這個價值是難以量化的。正因如此，如果你希望客戶願意為你的產品買單，就必須讓他們感受到購買這項產品所獲得的價值，將超過他們付出的價格。所以，在設定任何價格之前，你都應該問自己：**我提供給客戶的價值是否超過了這個價格？**

接下來我們將先詳細說明定價方法，之後也會分享如何讓價值感超過價格的方法。

在定價策略中，常見的有四種定價方法。這裡我們將詳細解釋這四種方法，並針對產品和服務在運用這些方法時的不同考量點進行說明。

1. 成本導向定價法

成本導向定價法是根據產品或服務的生產成本來設定價格。基本作法是計算出生產成本，然後在這個基礎上加上一個合理的利潤率來確定最終價格。

當你推出的是實體型產品：

假設你的第二收入來源是銷售手工香氛蠟燭，涵蓋材料費和製作時間，每個蠟燭的生產成本是 50 元。如果你想獲得 30%的利潤，就將價格定在 65 元。這樣的定價方式能確保你覆蓋成本並獲得穩定的利潤。

當你推出的是服務型產品：

如果你是自由接案為客戶提供設計服務的設計師。你可能會根據每小時的工作成本來定價，例如，你計算每小時的運營成本（包括軟體、設備、時間等）是 500 元，再加上 50%的利潤率，那麼你每小時的服務費就可以設定為 750 元。

這裡要特別說明，如果你的賺錢點子是提供一項服務，那麼客戶實際上是在購買你的專業技能和時間。所以，需要注意的是，客戶支付的不僅是你實際提供服務的時間，還包括你為準備服務所投入的時間，比如收集資料、進行前期準備，甚至是交通時間等，這些都需要考慮在內。

確定所需時間後，如果還是不知道該如何定價的話，我們建議至少確保你的第二收入的時薪與正職工作的時薪相當。畢竟，你也是用本來可以休息的時間來提供服務，所以這個時間的價值應該與正職工作相等，甚至應該更高。

在一開始，你可能不確定你的服務在市場上的接受度如何，因此可以考慮將利潤預期調低一些，定價接近正職工作的時薪。假設你每月薪資為 40,000 元，按 22 個工作日計算，日薪為 1,818 元，時薪大約是 227 元。然後估算完成這個案子所需的時間，比如你是剪輯師，一支影片可能需要 12 個小時，那麼報價可以定在 227 元 x 12 小時 = 2,724 元，大約 2,700 元左右。之後隨著客戶反饋和經驗的累積，可以逐步調整並提高你的報價。

2. 市場導向定價法

市場導向定價法根據市場需求和消費者的支付意願來設定價格。這種方法強調以市場為導向，定價時需要考慮消費者對產品或服務的價值認知。

當你推出的是實體型產品：

如果你銷售的是一款新型的智能水杯，市場調查顯示消費者願意為這款產品支付 200 元，而你的生產成本是 100 元。即便利潤率高達 100%，只要市場能接受這個價格，這就是一個合適的定價策略。

假設你設計了一頂帽子，儘管你可能認為這個設計對你來說無價，但市場對自有品牌帽子的普遍接受度可能在 500 到 980 元之間。如果你定價超過 980 元，市場的接受度可能會不如預期而影響銷量。

當你推出的是服務型產品：

假如你是一名占卜師，根據市場調查，客戶普遍願意支付每小時 1,000 元的占卜費用。即便你的成本較低，但市場的支付意願決定了你的服務價格，你就可以依這個價格來定價。

以剪輯師為例，假設一位月薪 10 萬的人對影片剪輯有興趣，並想發展第二收入。根據他的時薪計算，一支影片可能需要報價 7,000 元才合理，但這個價格對於新手剪輯師來說，可能會讓他在接案市場上難以競爭，因為已經超過大部分人對新手剪輯師的預期價格，除非他擁有特殊技能，如特效製作等。

市場導向定價法就是根據市場願意為你的產品支付的價格來決定定價。你可以參考市場上相似產品的價格範圍作為你的定價基準，因為這反映了消費者對這類產品的普遍接受度。

同時，定價也會因應不同的環境需求而有所變化。比如說，一瓶水在便利商店可能售價20元，但在遊樂園裡可能可以賣到40元，因為在這樣的環境中，需求更強烈，消費者願意支付更高的價格。因此，如果你的產品或服務在某些特定環境下需求更大，你可以考慮採取不同的定價策略，從而獲得更高的利潤。

> **Mr. Wayne 如是說**
>
> 在使用市場導向定價法時，關鍵在於觀察市場上相似產品或服務的定價範圍，並考慮產品所處的環境需求。根據市場接受度和客戶反饋來調整定價，才能更有效地滿足市場需求並實現你的目標獲利。

3. 競爭者導向定價法

競爭者導向定價法是根據競爭對手的價格來制定自己的價格。這種定價策略需要分析市場上主要競爭對手的價格，並考慮如何在這個價格基礎上獲得競爭優勢。

這種定價方法是透過了解市場上競爭者的價格，並評估自己產品或服務與他們之間的差異，來決定自己的定價。如果你的產品在各方面都比競爭對手優秀，你可以考慮設定較高的價格；反之，如果你的產品在某些方面稍遜於對手，則可以考慮訂價稍低一些。

需要注意的是，競爭對手的選擇應與你的定位相當。例如，在定價帽子時，不能拿精品專櫃或設計師品牌的價格來作為參考，因為這些品牌的知名度是經過長時間的積累，並且擁有強大的品牌價值。相比之下，我們應該選擇與自己品牌定位相似的競爭對手進行比較。

市場導向定價法和競爭者導向定價法的區別在於，前者是根據市場上的普遍價格來設定自己的價格，而後者則是基於你對自己與競爭對手之間的差異有清晰的了解，並考慮到你能提供的額外價值與獨特性後再進行定價。

當你推出的是實體型產品：

舉例來說，我們有一位粉絲專門製作小寶寶四個月的收涎饅頭，他的產品與市面上常見的收涎饅頭不同。一般市面上的收涎饅頭多採用大眾取向的主題，如米老鼠系列、四眼怪系列等，而這位粉絲能做到完全客製化——你提供照片給他，他就能製作出 Q 版的人物饅頭，十分可愛。由於他能提供同質性市場所無法比擬的客製化服務，他就能設定更高價格的收涎饅頭。

當你推出的是虛擬型產品：

以我們的房地產線上課程定價策略為例；在為「新手買房全攻略課程」定價之前，我們進行了廣泛的市場調查，分析市場上其他房地產課程的優缺點和定價。我們發現，許多房地產課程偏重於概念講解，實際案例分析較少，而且售後服務不夠完整，這些課程的定價通常在 5,000 元以下。而我們的課程不論在內容、售後服務，還是資源整合上都更為全面，因此我們設定了相對較高的價格。不過，也有一些房地產課程的定價高達 3 萬至 4 萬元，這些課程由經驗豐富且業界聲譽卓著的老師授課，因此，我們將自己的課程定價設定在 1 萬至 2 萬元之間，這樣既能反應我們課程的價值，又與市場上的高端課程形成合理的價格區隔。

4. 測試市場定價法

這種方法的主要目的是測試市場，確認消費者是否願意為你的產品買單，因此在這個階段不會優先考量成本或利潤問題。如果你打算進入一個市場，且該市場上沒有類似產品或服務的定價參考，那麼你可以先設定一個初步的價格來測試市場反應，逐步找到既能被市場接受、又能帶來利潤的定價。除此之外，如果你對自己的產品或服務沒有足夠的信心，也可以透過這種方式試水溫，看是否有人願意購買。

這種策略有點類似於商家的試營運期，通常在這段期間會以較低的價格測試市場的接受度，同時吸收客戶的反饋。這樣一來，當正式營運時，產品和定價都會更符合市場需求。不過，一般的連鎖飲料店或餐廳通常不會有試營運，因為他們已經清楚自己的產品在什麼價格範圍內最受歡迎。

我們建議無論是實體產品、虛擬產品，還是服務型產品，都可以優先考慮將成本導向定價法與市場導向定價法相結合。例如，我們有位朋友每年都會賣麻荖禮盒，透過成本導向定價法，麻荖禮盒定價 380 元，而市場調查顯示年節禮盒的價格區間大約在 300

Ms. Selena 如是說

這種定價策略具有靈活性，你可以根據不同階段或情況調整你的定價方式。以我為例，當初推出新手理財線上課程時，我使用了測試市場定價法，來確保課程有市場需求。由於線上課程的成本主要是時間成本，前期不需要投入大量資金，因此這種定價法特別適合虛擬產品和服務型產品。

至 500 元之間，那麼這個定價就非常合理。

如果成本導向定價法得出的價格與市場接受的區間相差較大，那麼你就需要重新調整定價。而更進階的定價選擇是「競爭者導向定價法」，這需要進行競爭者分析，有時甚至需要親自體驗或購買競爭者的產品或服務，以了解你與對方的差異。例如，我們前面提到的「新手買房全攻略課程」的定價策略就是基於這種方法。因此，如果你在你想發展的第二收入領域有豐富的消費或體驗經驗，這種定價方式將是個不錯的選擇。

總結以上這四種定價法，你可以開始為自己的產品定價了。請花點時間回答下面的問題：

Q1 這四種定價方法中，你預計用什麼方式定價？為什麼？

Q2 根據上題的回答，金額會訂在多少呢？

讓價值感超過價格的方法

再強調一次，商業的本質就是價值的交換。我們應該如何持續提升客戶對我們產品或服務的價值感受，讓他們覺得所獲得的價值遠超過所付出的價格，簡單來說，就是**如何讓價值感大於價格感**？以下提供四個具體方法：

1. 持續提升專業技能

不斷提升你的專業技能是增加客戶價值感的重要途徑。這可以透過持續進修或跨領域學習來實現。例如，如果你專注於產後媽媽這一利基市場，你不僅可以學習營養學和飲食知識，還可以學習瘦身運動等相關領域的知識。這樣，你能夠提供更全面的幫助，滿足客戶的多樣需求。

對於實體產品而言，不斷研發和改進產品，開發出更符合目標客戶需求的產品，也是一種有效提升價值感的方法。當你的產品或服務品質不斷提升，並且能超越客戶的預期，他們不僅會更滿意，還可能成為回頭客，甚至向他人推薦，這樣就形成了一個良性的循環。

2. 累積專業認證與媒體報導

獲得專業認證或媒體報導是一種有效增強信任感的方式。當我們自己說自己好的時候，說服力往往有限，但如果你能通過第三方認證來證明你的專業能力，目標客戶對你的信任度就會顯著提升。例如，獲得專業證照、產品獲得認證或獎項，或者接受媒體採訪，這些都可以大大增強客戶對你的價值感知。

3. 收集客戶的正面回饋與評價，改進負面評價

正面的客戶回饋和評價是建立信任和價值感的重要工具。如果你的產品或服務能帶來可量化的成果，比如在一定時間內瘦了幾公斤或肌肉量增加了多少，這些數據都是非常有力的見證。同時，積極收集客戶的評價，特別是正面見證，可以讓潛在客戶更容易相信你的產品或服務。

對於負面評價，則應該積極回應並進行改進。例如，在 MoneyMap 的實體工作坊中，我們每次都會收集學員的反饋，並根據這些反饋不斷完善服務，確保下一次能提供更好的體驗。

4. 擴大目標客戶可以達成的目標

增加客戶價值感的一個重要策略是幫助他們達成更多的目標。例如，對於產後媽媽的瘦身計畫，如果你原本能幫助她們每月減重三公斤，但透過加入你推薦的飲食方案，她們能在同樣的時間內減重十公斤，那麼她們感受到

的價值就會大大提升。

另外，像我們朋友販售的麻荖禮盒，除了讓客戶享受到美味的食物，他還提供了精美的包裝來增加產品的附加價值，使其成為理想的送禮選擇（畢竟幾乎沒見過有人販售精美禮盒裝的麻荖）。這樣一來，客戶不僅會因為食物的美味而滿意，也會因為多功能的用途而感受到更大的價值。

如何快速推出你的服務或產品？

要快速推出你的產品或服務的方式就是「最小可行產品 MVP」（Minimum Viable Product）。MVP 是一種以最低成本完成產品並迅速投放市場的策略，其主要目的是測試該產品是否有市場需求。

MVP 的優點

1. 快速驗證市場：

MVP 讓你以最有效的時間和資源來驗證市場，確認產品的可行性。這樣可以避免在前期投入過多的時間和金錢進行研發和製作，卻最終發現產品並不符合市場需求。

2. **建立信心與動力：**

在打造主動收入的過程中，如果你能在短時間內取得一些小成果，這不僅會大大提升你的信心，也會激勵你持續前進。即使你是完美主義者，也應該嘗試將產品推向市場進行測試，這樣才能進一步優化產品，避免因過於追求完美而停滯不前，最終導致放棄或失敗。

利用預售來驗證市場

現在，預售和募資已經成為快速測試市場需求的流行方式。無論你提供的產品是什麼型式，都可以利用預售來迅速驗證市場。

例如，我們有位學員在國外的募資平台上成功銷售漫畫，募資金額達到 26 萬台幣！如果你想驗證市場，並不一定要依賴大平台。你可以製作一個產品或服務介紹頁面，甚至只是用 Google 表單，也能達到預售的目的。

預售不僅可以測試產品的市場需求，還能讓你在收到用戶反饋後進行產品的迭代和優化。你可以依照 MVP 的概念，在預售後根據實際使用情況和回饋，逐步改進產品或服務，最終達到最佳效果。

不同的產品類型應對 MVP 的策略也會有所不同：

1. **實體產品：**可以先進行小批量生產，然後在合適的通路上試銷，以此測試市場反應。

2. **虛擬產品：**可以先製作一個低成本且主題明確的小規模產品，比如一個短時間的線上講座，觀察有多少人感興趣並願意深入學習，再決定是否擴展產品規模。

3. **服務型產品：**可以從身邊的親朋好友開始，向有需求的目標客群提供服務，並收取優惠費用，同時請他們提供真實的反饋意見。

MVP 的主要目的除了驗證市場需求，還包括獲取市場反饋，並根據反饋持續優化產品，更重要的是快速踏出你創造富口袋的第一步！

Chapter 5

打造行銷模式，賺取穩定收益！

在規畫好你的第二收入來源後，最關鍵的一步就是盡快找到你的第一位顧客。只有迅速進入市場並取得成果，才能保持動力，避免因時間拖延而放棄。找到第一位顧客的過程不僅能幫助你快速變現，還能為你建立初步的市場信心和基礎。

這裡，我想藉由分享實際案例，幫助你了解如何找到你的第一位目標客戶。這些案例涵蓋了不同的行業和市場，無論你是在提供產品還是服務，都能從中找到適合你的行銷策略。

如何快速找到你的第一位顧客？

一起來看看這些案例是如何巧妙找到他們的第一位顧客的。

【案例一】澳門葡萄牙語一對一家教

在澳門，許多小學生需要學習葡萄牙語，目標對象是小學生，但實際的付費者是他們的父母。因此，為了找到第一位客戶，可以前往學校、課後補習班等小學生聚集的地點門口，直接向家長宣傳服務。攜帶傳單，清楚說明服務內容、解決的問題、提供的優勢（資格或經驗）、服務型式、收費及聯絡方式，就有很大的機會可以迅速吸引到第一位客戶。

【案例二】針對高齡亞健康族群的物理治療師

這位物理治療師目標客戶是高齡與亞健康族群，常出現在醫院、物理治療中心、長照中心和社區活動場所。透過在這些地方接觸到長者並推廣服務，他可以快速打入市場。長者之間往往熱心推薦，只要服務能有效解決問題，口碑自然會擴散。此外，他定期舉辦講座，分享適合的輔具建議，進一步鞏固客戶群。

【案例三】財務顧問合作資產管理公司

這位財務顧問希望透過推薦開戶來獲得獎金。他起初認為需要經營 IG 等自媒體來觸及潛在客戶，但後來發現參加投資理財社群的線下活動能更快速有效地找到精準客戶。這些活動的參與者對投資理財有高度興趣，面對面互動的效率遠高於單純的網路經營，因而迅速提升了他接觸潛在客戶的速度和效果。

【案例四】海鮮宅配銷售

這位案例主角是前面提過的 H 先生，大學時期修讀水產養殖，擁有豐富的專業背景和相關人脈資源，再加上他對該領域的興趣與熱情，他開始經營海鮮宅配銷售。他的第一位顧客，是透過親自到社區直接與社區的婆婆媽媽們建立聯繫。他會和這些婆婆媽媽們，也就是潛在客戶聊天，告訴她們：「大姊，下次需要海鮮的話，不用再去市場了，只要加 LINE 通知我，我就會把最新鮮的海鮮送到府上。」透過這種方式很快速地建立了口碑，而且只需要服務好一位社區媽媽，就能引發連鎖反應，帶動其他住戶的訂購需求。

最近，他還拓展了銷售管道；因為認識了一位在醫院工作的朋友，他把販售品項擴大到水果，並且送給這位朋友試吃。朋友吃了很喜歡，還分享給醫院同事，帶動了一波團購潮，光是這間醫院，他一天的營業額就高達七萬元！此後，他只需將這種成功模式複製到其他社區和醫院，就能持續擴大業務。

【案例五】美甲品牌合作策略

這個美甲品牌在剛起步時，為了快速找到精準的客戶，他們選擇與附近的美髮店合作，發放優惠券，因為美髮店的顧客群和美甲店的目標客群高度重疊。這樣的合作方式，不僅能迅速接觸到潛在客戶，還能提升品牌的曝光率，成為早期吸引顧客的有效途徑。

看過以上幾個成功案例，你是否已經開始思考，如何用最精準的方式出現在目標客戶面前，快速找到你的第一位顧客了呢？

常見的行銷方式

當你知道該如何獲取你的第一位顧客後，接下來你可能會想要開始行銷了。

以下是一些行之有效的行銷模式，在思考行銷策略時，關鍵在於了解你的目標客戶會出現在哪裡，並根據這些線上和線下的場景進行銷售。

1. 線上社交媒體行銷

社交媒體平台如 Facebook、Instagram、LinkedIn、

X、YouTube 和 Threads 等，是推廣產品或服務的強大網路行銷工具。透過這些平台，你可以直接接觸到大量潛在客戶。首先，你可以建立屬於你的社交媒體帳號，並且定期發布有價值的內容，例如專業建議、客戶見證或產品展示。同時，利用社交媒體廣告功能，精準地將廣告投放給目標客戶群體。你還可以積極參與相關社群或群組，主動提供幫助和建議，以增加品牌的曝光度。

社群行銷可以想像成一個聚集人群的網路平台，如 Facebook、LinkedIn、YouTube、Instagram、Telegram、LINE 社群等。人們在這些平台上進行各種活動，包括討論某些主題、分享生活和價值觀，甚至進行消費行為。因此，你可以將內容以多樣化的型式散布出去，如圖文、影音等。

社群行銷的優點在於它貼近人們的日常生活，因為現代社會已與社群媒體密不可分。所以社群可以幫助你與目標客戶建立更親近的溝通管道，不僅能即時分享或傳遞訊息，還可以快速收到目標客戶的回饋並進行互動。然而，社群行銷的挑戰在於需要隨著平台的變化不斷學習新的功能和策略，同時也需要頻繁與目標客群互動，才能保持影響力。

2. 內容行銷

內容行銷是一種吸引顧客的好方法，但它跟傳統廣告不一樣。它的重點是藉由持續提供對目標客戶有用的內容來建立信任，然後才推廣產品或服務。你可以用各種型式來做內容行銷，像是寫部落格、發 Instagram 圖文、Facebook 貼文，或者錄製 YouTube、TikTok 影片，甚至是 Podcast 節目。

透過這些方式，把目標客戶想知道的資訊提供給他們，這樣他們在解決問題時，自然會想起你，因為你提供的內容真的幫助到他們了。這樣一來，你就能夠吸引到真正對你的產品或服務有興趣的族群。內容行銷的優勢在於它能贏得顧客的信任和好感，因為這些內容通常都是免費的，當免費的資訊對他們有幫助時，他們對品牌的好感和信任感也會提升，進而更容易接受後續需要付費的產品或服務。

另外，內容行銷也可以和電子報行銷結合起來，透過 E-mail 直接接觸到目標客戶。電子報的好處是，它不像社群平台那樣容易被演算法影響，所以能更穩定地和客戶保持聯繫。不過，電子報要和內容行銷策略配合使用才會有效果。想想看，你平常會拿路邊的傳單嗎？大概不會吧，因為你知道那是一種推銷。同樣的，如果電子報只是一味地推銷產品，成效也不會太好。

你可以想一想，什麼樣的電子報會吸引你點開來看？為什麼你會訂閱某個品牌的電子報？可能是因為你想知道優惠資訊，也可能是想學習一些有用的知識或資訊。所以，在用電子報行銷時，記得結合內容行銷，這樣才能讓顧客記住你，並建立起長期的信任。

3. 口碑行銷與推薦計畫

口碑行銷其實就是靠使用者推薦的行銷策略。要做好這個行銷，最關鍵的就是重視顧客的反饋，並提供讓他們滿意的服務或產品。當顧客滿意了，自然就會推薦給他們的親朋好友。

這種行銷方式通常效果非常好，因為我們對親朋好友的推薦總是比較信任，所以更容易採取購買行動。而且這種行銷幾乎不需要額外的成本，算是一種穩紮穩打的行銷方法。

前面提過的賣麻荖禮盒的朋友，就是透過 BNI 商會來宣傳，做口碑行銷。當大家吃過覺得好吃，也有需求時，就會問他在哪裡可以買到。這種透過使用者之間的轉介紹，自然能帶來很好的口碑效果。而線上的口碑行銷方式就是鼓勵你的顧客在論壇、社群平台上發表心得文。

此外，從口碑行銷延伸出來的還有一種叫作聯盟行銷，就是當客戶成功推薦他們的親朋好友購買商品時，商家會給他們一些獎勵，比如獎金、點數之類的。像我們的 MoneyMap 課程也有這種聯盟行銷的機制，學員如果成功推薦親朋好友來購買課程，就能獲得獎金。不過，使用這個行銷方式的前提，還是要把產品和服務做到位，讓客戶願意真心分享，這樣才能發揮最大的效果。

4. KOL 行銷

KOL（Key Opinion Leader）就是意見領袖，指的是那些在特定領域對粉絲或追隨者有影響力的人，通常活躍於社群平台。現在網紅和 KOL 的定義很多，有些不太一樣，所以我們統稱這些在網路上有影響力的人為 KOL。

KOL 行銷的核心策略，就是讓品牌與 KOL 合作，來快速提高知名度、曝光量，甚至銷售量。這通常會透過社群平台，比如 Instagram、Facebook、YouTube、Podcast 等來進行。因為很多人信任這些 KOL，所以當 KOL 推薦產品或服務時，能更容易吸引到目標客戶。

不過需要注意的是，合作的 KOL 的粉絲群是否和你的目標客戶一致？找錯 KOL 的話，可能會讓合作效果大打折扣。比如，如果找我們宣傳電玩遊戲，可能就不會是一個好的選擇，因為我們自己不打遊戲，也沒累積一群喜歡打遊戲的受眾。所以，選擇和你有相似受眾的 KOL 在 KOL 行銷中是非常重要的。

如果你打算用 KOL 行銷，可以主動接觸一些有流量的 KOL。像我就曾經收到粉絲幫我們畫的全家福，或是當我們兒子 Mickey 抓周時，有粉絲送了我們可愛的客製化收涎饅頭，我們也幫忙轉分享並推薦。這樣的分享可以讓你的服務或產品更快被更多人知道。

再舉個例子，我有位好友最近要推出一個兒童教育品牌，目標客群是有 0 ～ 3 歲小孩的媽媽，他鎖定的 KOL 也是那些生活親子類的 KOL，比如艾琳、陳彥婷這些有 0 ～ 3 歲孩子的媽媽們。

所以，如果你要使用 KOL 行銷，平時就要關注那些能幫你推廣商品的 KOL，研究他們的受眾和你的目標客戶是否重疊，並掌握更多的溝通和合作技巧，這樣才能順利提高知名度、曝光量或銷售量。

KOL 行銷大致可以分成付費和免費兩種。常聽到的就是付費的業配合作，還有一種是用產品交換的方式。你可以免費提供產品或服務給 KOL，然後請他幫忙推廣。像我就常接到這類邀約，不過要成功用產品換來 KOL 的免費推廣，通常這個產品或服務必須是他們剛好需要的，這樣成功的機率會比較高。

以我的經驗來說，有兩種合作方式。一種是公關品寄送，沒有特別要求發文，我們就會主動幫忙曝光在 IG 限動。另一種則是廠商要求以互惠的方式合作，需要發文或拍影片分享。這時我們會評估產品本身的價格，是否和我們平常業配的價格有太大差距。比如，如果我的 IG 圖文宣傳一篇是 10,000 元，而廠商提供的產品定價只有 3,000 元，那我可能會覺得這樣的產品交換不太划算，合作意願就會降低。所以，建議使用產品交換的方式時，提供的產品價值最好能超過 KOL 宣傳的價格，這樣比較容易成功。對廠商來說，雖然要支付產品成本，但這通常比直接付費合作更划算。

另一種跟 KOL 合作的方式是現在非常流行的團購。利用 KOL 的影響力，幫你把產品推廣出去。好處是，KOL 的費用是從營業額中分潤，而不是一開始就要付一筆廣告費。不過，有些 KOL 在團購合作之前，也會收取一筆稿費或保底費用。保底費用就是——比如說，你們的合作條件是分潤 15%，但 KOL 要求保底費用是 5,000 元，即使營業額只有 10,000 元，他的分潤金額最低也要 5,000 元。所以，這些都是在跟 KOL 洽談時要特別注意的地方。

5. 線上廣告投放

前面提到的行銷方式，都是在沒有行銷預算時可以開始執行的。缺點就是這些方法通常比較耗時，需要一段時間才能看到效果。如果你有一些行銷預算，希望更快觸及精準客戶，那麼付費廣告行銷就是一個能在短期內見效的方法。

像是 Facebook、Instagram、YouTube、Google 關鍵字等社群平台，都有提供付費廣告服務。這類廣告的主要目的就是吸引顧客購買，進而增加獲利。不過，現在的付費廣告行銷有很多技術細節需要掌握，所以，如果你打算採用這種方式，最好先學習相關知識，或是尋求專業人士的協助。

付費廣告的優點包括快速、成效可以量化，並且能更快地觸及精準的受眾。

另外還可以使用再行銷，再行銷是一種專門針對曾經瀏覽過你的商品、將商品放入購物車、點選相關文章、按讚或留言的潛在消費者，或是曾經購買過的消費者，透過不同的管道再次吸引他們購買或回購的行銷手法。

再行銷的主要目的是透過再次提醒，喚起消費者的記憶，讓他們順利完成訂單，從而提高轉換率。通常，再行銷的對象是那些對品牌或商品已有初步認識的客戶。這種方式的優點是能更確定所觸及的受眾正是你的目標客群，並且可以針對他們感興趣的商品進行有效的提醒。

6. 免費試用或優惠活動

如果你想吸引第一批顧客，可以試試限時免費試用或首次購買折扣，這樣可以減少他們的購買顧慮。比如，你可以推出一個簡單的優惠活動，像是首次購買打八折，或是免費試用七天，這樣能引起潛在客戶的興趣，讓他們更願意來試試你的產品或服務。

7. 搜索引擎優化（SEO）

當客戶在網上搜尋相關產品或服務時，想要他們第一時間找到你，這就需要 SEO 行銷來幫忙。SEO 行銷的重點是提升你的網站在搜索引擎上的排名，讓你更容易被潛在客戶看到。簡單來說，SEO 就是優化你的網站內容和結構，讓它在 Google 等搜尋引擎上有更好的曝光。

SEO 行銷通常要和內容行銷結合使用。當你有了優質的內容，再加上 SEO 策略，就能有效吸引流量，讓目標客戶找到最符合他們需求的內容。這也意味著，透過 SEO 來的客戶通常是非常精準的，因為他們正是經由搜索找到你的。

SEO 的好處是，它有長期效果，能夠持續吸引新的目標客戶。不過，它的缺點是需要時間慢慢經營，不會馬上見效，但一旦建立起來，效果會很持久。

打造屬於你的行銷漏斗

什麼是行銷漏斗？行銷漏斗指的是消費者從認識你

的產品到最終購買的整個過程。這個過程就像一個漏斗，消費者在不同階段會逐步篩選，留下來的人數也會越來越少。

行銷漏斗的四個階段

行銷漏斗通常分為四個主要階段：引起注意、考慮購買、決策購買、建立忠誠。下面就一一為大家說明。

1. 引起注意

消費者在這一階段第一次看到你的產品或服務，並對它產生興趣。這可能是透過社群媒體廣告、SEO（搜尋引擎優化），或其他公領域的行銷工具來實現的。

2. 考慮購買

消費者開始考慮是否有需求購買你的產品或服務，並進一步了解。這時候消費者可能會造訪你的網站、閱讀產品評論，或加入你的電子郵件名單。

3. 決策購買

消費者評估你的產品是否最符合他們的需求，並最終決定是否購買。這時候消費者可能會比較不同產品，查看價格，最終在你的網站上完成購買。

4. 建立忠誠

消費者對你的產品或服務產生忠誠度，並可能會回購或推薦給他人。這個就是透過優質的售後服務、推薦獎勵計畫等方式，促使消費者成為你的忠實客戶。

在這個行銷漏斗中，每一階段的消費者數量都會逐漸減少，這就是所謂的轉換率。假設有 100 人注意到了你的產品，可能只有 50 人會考慮購買，其中 25 人會最終完成購買，最後只有 10 人會回購或推薦給他人。這種層層遞減的過程就是行銷漏斗的運作原理。

為了讓每一層漏斗中留下來的人越來越多，你需要運用不同的行銷策略來提升轉換率。前面提到的七種行銷方法和社群平台的選擇，都可以幫助你在每個階段吸引更多潛在客戶。

那你現在可能會覺得行銷方式這麼多種，該如何套用到銷售漏斗的概念中呢？這裡我們將所有的行銷方式都用公領域與私領域來做區分，以便你能更清楚的了解。

公領域：這是引起注意與好奇的階段，使用如 SEO、付費廣告、KOL 行銷、社群行銷等工具來吸引消費者的注意。一旦消費者在公領域看到了你的內容，你應該立即引導他們進入你的私領域，以避免因演算法的影響失去與消費者的聯繫。

私領域：這是建立深度互動與信任的地方，如官方 LINE@ 帳號、LINE 社群、電子郵件名單等。這裡你可以透過持續的內容加溫，來促進購買意圖並最終完成交易。一旦消費者進入私領域，持續向他們提供有價值的內容，建立信任感，以促使他們進一步行動。

行銷漏斗＋行銷方式的應用

在你新的收入管道剛起步時，可別被這麼多的行銷方式給嚇到了。我們建議一開始只需要在公領域選一種、私領域選一種，兩者互相搭配就可以了，再加上做好你的顧客服務，好讓他們產生口碑行銷，這樣一來就會是一個很完整的行銷策略了。

行銷最重要的思維方式或心法

最後想分享行銷最重要的心法，對於剛開始打造新的收入管道的人來說，行銷最重要的心法是「以價值為導向，專注於建立信任和關係」。

1. 提供真正的價值與建立信任

在行銷的初期階段，專注於為客戶提供真正有價值的內容或服務，是建立信任的第一步。當你幫助客戶解決問題、滿足他們的需求時，他們會更容易信任你。這個價值可以是有用的資訊、專業建議，或能解決他們痛點的產品或服務。同時，透過一致且真誠的溝通和優質的售後服務，進一步鞏固這份信任，讓客戶感受到你不僅在推銷產品，而是真正關心他們的需要，這將促使他們更容易購買你的產品，甚至成為忠實客戶並自動把你的產品或服務推薦給他人。

2. 了解目標客戶

行銷策略的核心在於深入了解你的目標客戶，他們的需求、挑戰和期望是什麼。當你知道你的受眾是誰，你才能設計出最適合他們的行銷方案，針對性地傳達你的產品價值。持續與客戶互動，透過調查或回饋來掌握他們的反應，這能讓你在市場競爭中保持靈活，並根據客戶需求做出相應的調整。

3. 靈活應對變化

市場變化無常，尤其是在早期階段，可能會遇到不預期的挑戰或需求轉變。因此，你的行銷策略需要足夠靈活，根據市場和客戶的反饋隨時調整，而不是僵化地執行原有計畫。這種靈活性會讓你在競爭激烈的環境中保持優勢，迅速抓住新的機會或應對挑戰，使你穩定成長。

結語

立刻加入多元收入的行列吧！

七年前我和朋友一起創立 YouTube 頻道時，內心真的充滿了恐懼和不確定感。當時，我不知道這個決定會帶來什麼結果，感覺自己赤裸裸的暴露在網路世界中，甚至擔心遭到負面攻擊。不過，因為是和朋友一起開始這個計畫，我沒有退縮的藉口，即使再害怕，還是選擇迎接挑戰！回想起來，我的第一支影片還是用電腦前鏡頭拍攝的，畫質不佳，錄了好幾遍才勉強覺得能夠上傳。那時候，我甚至在影片上線後不敢點開來看！各種恐懼接踵而來……但是，如果我當時沒有克服這些恐懼，也不會有今天的我。

我想分享這段經歷，是因為現在的你，已經做了比當時的我更多的準備。你已經經過資源盤點，找出了潛在的賺錢點子；利基市場和目標客戶也已經鎖定，甚至連產品、通路和行銷策略都清楚規畫好了。你比當時的我更有準備，也更有方向。

看完這本書之後，難免有人會想像執行的過程恐怕無法避免孤單，或是遇上難以突破的問題，但根據我和許多已經成功開創主動收入的人的經驗，我們要告訴你很多時候，**成功的關鍵就在於實際操作與反饋的學習**。單純的閱讀固然有幫助，但如果你能將學到的知識落實於實作中，並且得到專業的反饋與指導，學習成果會顯著提升。這種過程，遠比單純「看書」或「聽課」來得深刻。

我們鼓勵你立刻行動，並且歡迎加入我們的官方 Line @，與我們一同探索多元收入的更多可能性！

最後，附上訪談案例影片。請掃描 QR code，或連結網址 https://ms-selena.ck.page/f5a5735f14 參考利用。

無論你現在處於哪個階段，我們都相信這本書能為你帶來新的啟發與動力。

記住！你不必很厲害才能開始，但你一定要開始才有機會變得很厲害！

Selena & Wayne

Eurasian Publishing Group
圓神出版事業機構
用心與你對話．視野無限寬廣
如何出版社
Solutions Publishing
www.booklife.com.tw
reader@mail.eurasian.com.tw

Happy Fortune 025

打造富口袋：5步驟，讓能力和興趣變現，為自己加薪！

作　　者／Ms. Selena & Mr. Wayne
發 行 人／簡志忠
出 版 者／如何出版社有限公司
地　　址／臺北市南京東路四段50號6樓之1
電　　話／（02）2579-6600・2579-8800・2570-3939
傳　　真／（02）2579-0338・2577-3220・2570-3636
副 社 長／陳秋月
副總編輯／賴良珠
專案企畫／尉遲佩文
責任編輯／張雅慧
校　　對／張雅慧・柳怡如
美術編輯／李家宜
行銷企畫／陳禹伶・黃惟儂
印務統籌／劉鳳剛・高榮祥
監　　印／高榮祥
排　　版／莊寶鈴
經 銷 商／叩應股份有限公司
郵撥帳號／18707239
法律顧問／圓神出版事業機構法律顧問　蕭雄淋律師
印　　刷／國碩有限公司
2025年1月　初版

定價 370 元　ISBN 978-986-136-725-5

羨慕旁人年紀輕輕就退休，享受自在生活嗎？
財富自由沒那麼難，逐步進行就能累積出你的系統與資本，
打造你的富腦袋，踏實而穩定地走出理想人生！

——《打造富腦袋！從零累積被動收入》

國家圖書館出版品預行編目資料

打造富口袋：5步驟，讓能力和興趣變現，為自己加薪！/Ms. Selena, Mr. Wayne著. -- 初版. -- 臺北市：如何出版社有限公司, 2025.01
208 面；14.8×20.8公分 --（Happy Fortune；25）

ISBN 978-986-136-725-5（平裝）
1.CST：創業 2.CST：副業 3.CST：生涯規畫 4.CST：職場成功法
494.35 113017869